孕妇专用
天然皂&化妆品DIY

〔韩〕安美贤 / 著　　千太阳 / 译

团结出版社

图书在版编目（ＣＩＰ）数据

孕妇专用天然皂&化妆品DIY／（韩）安美贤著，千太阳译．——
北京：团结出版社，2015．12
　　ISBN 978-7-5126-3905-8

　　Ⅰ.①孕…　Ⅱ.①安…　②千…　Ⅲ.①香皂—基本知识
②化妆品－基本知识　Ⅳ.①TS973.5　②TQ658

中国版本图书馆 CIP 数据核字 (2015) 第 250068 号

出　　版：团结出版社
　　　　　（北京市东城区东皇城根南街 84 号　邮编：100006）
电　　话：(010) 65228880　65244790
网　　址：www.tjpress.com
E-mail：65244790@163.com
经　　销：全国新华书店
印　　刷：北京市雅迪彩色印刷有限公司

开　　本：960×1270　1/24
印　　张：11
字　　数：110 千字
版　　次：2015 年 12 月　第 1 版
印　　次：2015 年 12 月　第 1 次印刷

书　　号：978-7-5126-3905-8
定　　价：59.80 元
　　　　　（版权所属，盗版必究）

DIY

妈妈健康，孩子就会健康

妊娠是女性所独有的一种幸福。但是，因为女性的身心和生活节奏随着妊娠和分娩的来临会发生巨大变化，所以在给女性带来幸福、期待和充实感的同时，也会给女性带来不安、抑郁等负面情绪。

怀孕之后，首先出现的是身体上的变化。女性的腹部和乳房会慢慢变大，大腿等下半身的各个部位也会开始肿胀。怀孕前矫捷的身姿逐渐消失，整个体形会变得越来越臃肿。这种变化无疑会给爱美的女性带来一种巨大的心理负担。有些女性在产下孩子之后，由于未能恢复到孕前的身材甚至还出现了患上抑郁症的情况。

此外，怀孕给女性心理上带来的变化也不容忽视。处在孕期的妈妈，不仅要适应身体上的变化，还要应对饮食习惯上的变化以及各种皮肤问题。这些变化都会导致孕妇心理紧张和抑郁，进而产生精神压力。

另外，孩子出生之后所带来的经济负担以及成为母亲这一新角色，同样是忧

喜参半。生完孩子后，和丈夫的生活模式，由原来的夫妻二人一下子变成了以孩子为中心，很多妈妈变得无法按照自己的意愿分配时间。

所以，孕期的护理一定要全面涉及到身体、心理和整个生活。由于孕妇的生活环境和使用的产品都会对婴儿的健康和安全产生直接的影响，从这一点上看，孕妇的护理，天然产品为最佳选择。

天然护理不仅要使用对皮肤好的肥皂或化妆品，同时还应考虑孕妇所面临的紧张情绪、产后不安和产后抑郁等诸多问题。

本书中提到的配方均考虑到了上述情况。

以分娩为界，可分为"怀孕中的妈妈"和"产后的妈妈"两类。本书针对面部、腹部、身体、头发等方面对这两个时期的女性提出了细致的保养标准。此外，本书还提出了利于孕妇更加健康安全地分娩的有效按摩方法，以及用于预防母乳喂养可能带来的后遗症的胸部保养方法。只要是女性需要了解的妊娠前后的护理内容都尽量收录到了本书之中。

妊娠过程中，皮肤问题或抑郁情绪等都有可能导致孕妇激素水平异常，从而出现过敏性皮炎或皮肤干燥，又或是出现皮肤和发质易出油或长痘的现象。此外，快速隆起的腹部、胸部或肿胀的腿等这些部位可能会出现妊娠纹或色素沉淀。这些变划都属自然变化的过程，在分娩后就会消失。但如果应对不当，也可能给女性的身心留下不可磨灭的痕迹。

女性在孕期或产后，由于身体笨重或情绪敏感容易出现无欲、身体乏力等症状。但要知道，越是这种时候，就越需保养好身体，安排好生活，因为只有这样才能使妊娠和分娩过程变得更加轻松。

此外，广大妈妈们还需铭记一点，使自己保持美丽的状态，就会产生更多的幸福感，这本身对婴儿也是一种非常好的胎教。换句话说，女性能够顺利地接收妊娠和分娩给自己身心和生活带来的变化并能够积极应对是保护自己和

婴儿最起码的义务。

妈妈主动使妊娠和分娩的过程变得更加愉快和健康，是给自己的宝宝留下的最好的礼物。如果你已选择了天然护理作为手段，那么你就已经做好了成为一个智慧妈妈的准备。希望妊娠和分娩会成为你人生中最美好的时刻，在此，向选择天然护理方法的你送去由衷的祝福。

安美贤

C O N T E N T S

CONTENTS

Part 3

为产后
妈妈准备的
天然护理

NEVER ENDING SOAP STORY OF ROYAL NATURE AND THE DF (DRACOCEPHALUM FOETIDIUM) SOAP BASE. ♥♥♥

天然材料和
自然护理

♥ 孕妇必须使用天然材料的理由

天然护理的重要性，大家已众所周知。越来越多的人已认识到那些在工厂里进行批量生产的产品的危险性，并逐渐开始利用天然材料自制肥皂和化妆品，同时为了购买值得信赖的公司生产的天然产品而积极搜集资料。那么如果是孕妇的话，为了孩子的健康，就更应该使用天然材料。

妈妈使用的所有产品都可能对婴儿产生影响

女性在怀孕后，胎儿的健康当属最为重要。在当今这种在饮食和生活环境中无处不存在安全隐患的社会，我们更应该注意哪些事物可能会对胎儿产生危害。直接用在孕妇身上的肥皂和化妆品等都有可能对腹中的胎儿产生影响，所以在用这些产品时要时刻保持警惕。与由各种化学添加剂和防腐剂制成的人工产品相比，利用天然材料并由妈妈亲手自制的产品更加值得信赖。

处在孕期的女性比任何时期的女性都更加敏感

处在孕期的女性，比起其他任何时候都更敏感。虽然孕妇体内的激素水平的变化是导致这一现象的主要原因，但这也是孕妇为了避免使用到那些可能对婴儿产生威胁的各种毒素产品的自然反应。对于处在这种状态的孕妇来说，使用刺激性强或含有化学添加剂的产品会给她们带来一种巨大的心理负担。所以，处在怀孕和分娩过程中的女性最好使用刺激性较小、香气纯，且让人身心愉悦的天然材料。

怀孕和分娩的过程需要特殊护理

女性在怀孕或分娩后，便会迎来剧烈的身体变化。身体可能会发胖到史无前例的程度，乳房和腹部的皮肤会大幅度地膨胀或萎缩。皮肤也可能发生变化，变为干性或油性，致使弹力瞬间下降而产生皱纹。同时，皮肤上还可能出现各种斑和膨胀纹。这些身体上的变化都会给孕妇带来精神上的压力。在经历如此剧烈变化的过程中，使用与身体直接接触的化妆品或肥皂等产品也需要特别注意。在怀孕期间，使皮肤保湿、保持弹力、美白等所有功能性保养在较短的时间段内需要集中加强，而天然材料富含有益于人体的成分，拥有着如此出色的功效，所以要持续使用由其制作的天然产品，以保证身体的健康。

连抑郁的心情都能一扫而光

生孩子当妈妈无疑是一件幸福的事情，但这一过程却不全是愉快的。怀孕期间出现的抑郁、不安、恶心和产后抑郁症等都会威胁到妈妈和孩子的健康。所以照顾孕妇的重点就是使孕妇静下心来，摆脱精神压力，尽量使她拥有好心情。利用天然材料的保养方法不仅有益于孕妇尽享女性之美和作为人母的幸福，还能帮助孕妇平复情绪，使生活充满乐趣，有益于胎教，无疑是孕妇的最佳选择。

还能起到保护环境的作用

随着具有环保意识的人日益增多，人们对"生态（ECO）"的关注度也越来越高。环保的观念逐渐从减少使用污染环境的产品转变为使用那些既不会污染环境，又对人体健康有益的材料和制品，从而实现一箭双雕。考虑到对环境的影响，使用天然肥皂和化妆品可以同时达到保护环境和使身体健康的双重目的。

♥ 对孕妇有益的天然材料的种类与使用效果

基础油

基础油是一种通过冷压方式萃取出的非挥发性油脂，由于它可以稀释精油，所以也叫作载体油（Carrier Oil）。保质期为1年，容易变质是它的一个主要缺点。

绿茶籽油（Green Tea Seed Oil）： 这种油富含不饱和脂肪酸，其中含量最高的是亚麻酸。维生素A、B和单宁酸成分可以维持皮肤黏膜细胞的健康状态。另外，儿茶酸（Catechin）可以起到调节皮脂腺分泌和杀菌的作用。

月见草油（Evening Primrose Oil）： 这是一种高保湿的油，含有可以缓和皮肤刺激以及维持表皮保护膜功能的必要脂肪酸。月见草油可用于治疗干燥、瘙痒、湿疹、牛皮癣、过敏性皮炎等皮肤症状。此外，还可以消除面部的杂斑，减少由于皮肤干燥而产生的皱纹。

大麻籽油（Hempseed Oil）： 大麻籽油是通过低温压缩大麻籽而萃取出的油，作用与橄榄油相似。这种油可以提供人体必需脂肪酸，维生素A、D、E，矿物质。大麻籽油可以治愈湿疹、过敏性皮炎，并具有保湿、预防各类皮肤问题的作用。

玫瑰籽油（Rose Hip Seed Oil）： 玫瑰籽油富含人体必需脂肪酸、亚油酸和亚麻酸，对皮肤再生、伤痕治愈等有不错的疗效。只要涂抹到皮肤上，就会瞬间被吸收，补水能力相当出色。玫瑰籽油主要用于治疗湿疹、牛皮癣、干性皮肤、老化皮肤、色素沉淀、伤疤等皮肤问题。

澳洲坚果油（Macadamia Nut Oil）： 澳洲坚果油成分与荷荷巴油相似，具有和人类皮脂结构相似的成分，可迅速被皮肤吸收。澳洲坚果油营养较为丰富，对所有类型的皮肤有良好的适用性，最主要的功效为锁水和抗氧化，对敏感性皮肤有不错的功效。

杏籽油（Apricot kernel Oil）： 杏籽油含有非常轻的纤维质和生育酚，适用于老化和较敏感的皮肤，黏稠性较弱，使用起来较轻便。杏籽油富含维生素A和人体必需脂肪酸，对皮肤保养有多方面帮助。

🌿 **圣约翰麦汁油（St. John's Wort Oil）**：圣约翰麦汁油不仅能够促进细胞的生成，还具有抗菌和抗炎症作用，能够使皮肤变得更加柔软和强韧。这种油具有均衡皮肤作用，适用于那些受到过度光照或因其他环境因素而受到刺激的皮肤。圣约翰麦汁油还具有紧致、抗炎、局部镇痛、防腐性、缓解焦躁情绪等功效，因此有助于治疗神经痛、坐骨神经痛，尤其对神经性闭经有不错的疗效。此外，适用于长期患有抑郁症、神经衰弱或处于恢复期的人也可明显感到好转。这种油还可提升睡眠质量，使长期精神紧张的人心情好转，增强活力水平。圣约翰麦汁油还可以用于治疗烧伤等皮肤问题。

🌿 **甜杏仁油（Sweet Almond Oil）**：甜杏仁油富含油精、甘油酯（Glycerides）和亚麻酸，易被皮肤吸收，使皮肤变得光滑柔软，尤其适用于敏感皮肤、干性皮肤以及皮肤的瘙痒症状。

🌿 **摩洛哥坚果油（Argan Oil）**：摩洛哥坚果油富含不饱和脂肪酸、维生素E，有着出色的保湿能力，能够给皮肤提供良好的弹性。这种油还可防治细胞老化，减少皮肤刺激及炎症，有助于治疗痤疮、湿疹、牛皮癣和易裂的指甲等。

🌿 **山金车油（Arnica Infused Oil）**：山金车油有助于改善血液循环，可用于缓解肌肉紧张。此外，还对骨折、挫伤、淤青、关节炎、出血、浮肿有着良好的治疗效果。

🌿 **鳄梨油（Avocado Oil）**：鳄梨油可治疗敏感皮肤，改善鱼鳞状干性皮肤。这种油富含维生素A、B1、B2、E、泛酸及卵磷脂等，对干燥和皱纹较多的皮肤有不错的治疗功效。

🌿 **芦荟油（Aloe Vera Oil）**：芦荟油可治疗各种皮肤问题和恢复晒伤的皮肤。使用这种油时不会留下黏稠感。

🌿 **橄榄油（Olive Oil）**：橄榄油可稳定皮肤，缓和刺激，因此常用于蚊虫叮咬或其他瘙痒症状。此外，橄榄油还对脱水、受刺激的皮肤、伤疤、预防膨胀纹有着不错的治疗功效。在进行按摩或皮肤护理时，最好可以搭配其他轻质油一起使用。

🌿 **麦胚油（Wheat Germ Oil）**：麦胚油具有治愈牛皮癣、促进皮肤弹力提升、再生细胞等功效。因含有大量的维生素E（190mg/mg），可表现出特有的抗氧化功效，通常会和10%的其他基础油混合作为保存剂。麦胚油富含蛋白质和矿物质，有着出色的组织再生作用，适用于老化、皱纹、伤疤、膨胀纹等皮肤症状。患有小麦过敏症的人使用时需要特别留意。

🌿 **金盏花浸泡油（Calendula Infused Oil）**：金盏花浸泡油是通过将干金盏花浸泡在葵花油或麻油中而萃取出的油，富含维生素A、B、D、E。金盏花浸泡油具有消炎效果，常用于治疗顽固的伤痕、溃疡、挫伤、烧伤、皮疹、湿疹、尿布皮疹等。此外，这种油还可用于治疗瘙痒症，使干性皮肤变得均衡和柔软光滑。

🌿 **山茶油（Camellia Oil）**：山茶油是从山茶树果实中萃取出的油，无黏稠感，富含油酸。山茶油富含维生素A、B、

E。山茶油具有均衡皮肤的效果，常用于老化和干性皮肤的保养。还适用于治疗皮肤和毛发的各种症状，可缓解皮肤过敏症状，有助于治疗过敏性皮炎。

🌱 琼崖海棠油（Tamanu Oil）：琼崖海棠油可治愈伤口，促进新组织的生长。该油消炎和治愈伤口效果非常卓越，故常用于伤痕和烧伤等各种皮肤问题的治疗。另外，琼崖海棠油对手脚冻伤、蚊虫叮咬、痤疮、湿疹、牛皮癣、过敏性皮炎等都有着良好的疗效。

🌱 葡萄籽油（Grapeseed Oil）：葡萄籽油因具有含有较轻的纤维质、无色无香的特点，常被用作按摩混合物。葡萄籽油富含不饱和脂肪酸，适用于所有类型的皮肤，对婴儿的皮肤也无任何副作用。

🌱 葛根油（Pueraria Oil）：葛根油是一种被称为植物雌激素的天然植物性雌激素，具有促进激素分泌和抑制老化等作用，还可增强皮肤弹性，如涂抹在胸部、臀部等部位，可使其变得更具弹性。

🌱 蓖麻油（Castor Oil）：蓖麻油可使皮肤保持湿润。因其出色的保湿功能，常用于制作沐浴露、洁面露等护肤产品。

🌱 金黄荷荷巴油（Golden Jojoba Oil）：金黄荷荷巴油具有良好的皮肤保湿功效，渗透性良好，可瞬间使皮肤变得湿润。金黄荷荷巴油还具有一定抗菌作用，可用于痤疮皮肤或婴儿皮肤治疗，另外对牛皮癣、过度的皮脂分泌、脱发等也有不错的疗效。

🌱 白荷荷巴油（White Jojoba Oil）：白荷荷巴油功效与金黄荷荷巴油类似，只是去除了颜色而已，因此也称为透明荷荷巴油。

精油

精油是通过水蒸气蒸馏法或其他方式从植物的各个部位提炼萃取的挥发性芳香物质。专家们对怀孕过程中如何使用精油有着不同见解。具有收缩子宫、调节激素分泌等效果的精油尽量不要在怀孕期间使用。部分此类油可在怀孕初期使用，但每个人对精油的敏感程度不同，因此孕吐比较严重的孕妇用时要格外注意。

❤ **葡萄柚油（Grapefruit）**：葡萄柚油具有与柠檬类似的香味，可使人神清气爽，此外还可以促进体内循环，分解脂肪团（Cellulite）等毒素。

❤ **橙花油（Neroli）**：橙花油是从橙花中萃取出的油，散发着较为清新的花香。这种油可消除非过敏性炎症，对神经疲劳和精神上的压力有着不错的治疗功效。无论是孕妇还是新生儿和幼儿都可放心使用。

❤ **薰衣草油（Lavender）**：薰衣草油是从薰衣草中萃取出的油，适用于失眠等神经性问题。所有类型的皮肤都可使用该油，对孕妇和婴儿也较安全。薰衣草油具有均衡皮肤、杀菌、治疗伤口、抗真菌等效果。怀孕4个月之前最好不要使用。

❤ **柠檬油（Lemon）**：柠檬油的清新香味可使人神清气爽。柠檬油可收缩毛孔，具有紧致皮肤的效果，对油性皮肤也有较好的治疗功效，此外对脂肪团和淤血也有着不错的去除效果。柠檬油还可抑制由紫外线照射导致的黑色素生成。

❤ **罗马洋甘菊油（Roman Chamomile）**：罗马洋甘菊油散发着一种可稳定情绪的香气，可用于治疗失眠、皮肤敏感、潮热、干燥等。怀孕4个月之前最好不要使用。

❤ **玫瑰油（Rose）**：玫瑰油散发着甜美优雅的香气，给人带来幸福感，可有效缓解抑郁、焦躁、伤心、嫉妒、抱怨等负面情绪，能够对孕妇的情绪提供帮助。玫瑰油几乎对所有类型的皮肤都有治疗效果，尤其对老化初期、干燥、敏感、潮热等皮肤有着出色的治疗效果。

❤ **迷迭香油（Rosemary）**：迷迭香油可治疗感冒、哮喘等呼吸道疾病。此外，因该油具有促进血液循环的功效，可经常稀释于按摩油中共同使用。主要用于治疗脱发症状，也可用于头皮和毛发的产后保养。怀孕过程中不要直接使用，但孕妇可吸入少量香气或直接作为芳香剂使用。

🌿 马乔兰油（Majoram）：马乔兰油散发着微苦微甜的独特芳香，具有稳定情绪的作用，可缓解抑郁的心情并带来安全感。牛至油可消除淤青，缓和肌肉酸痛。怀孕过程中尽量不要使用，最多只可少量使用在身体局部。

🌿 橘皮油（Mandarin）：橘皮油散发着和香橙类似的甜蜜中带清香的味道，有利肠道消化。对缓和膨胀纹有着良好的疗效。橘皮油是一种安全的油，可使用在儿童和孕妇身上。

🌿 黑胡椒油（Black Pepper Oil）：黑胡椒油可缓解抽筋等导致的疼痛，孕妇可少量使用在身体局部。

🌿 柏树油（Cypress）：柏树油可用于治疗急性呼吸道炎、咳嗽、哮喘等呼吸道疾病。柏树油能够减少汗水和皮脂腺过度分泌，所以洗浴时使用效果良好。柏树油对痔疮导致的疼痛具有缓解作用，但怀孕4个月之前不可使用。

🌿 檀香油（Sandalwood）：檀香油散发着一种树木的香气，能够起到对肌肤补水作用，主要用于缺水和干燥皮肤。檀香油在印度经常用于冥想。

🌿 雪松木油（Cedarwood）：雪松木油散发着浓烈的木香，常用在油性皮肤和头皮上，主要功效为治疗脱发。

🌿 香橙油（Orange）：用按摩油稀释香橙油使用即可促进肠道蠕动，可治疗消化不良、便秘、腹泻等症状。香橙油散发着一种让人身心放松的香气，可用作孕妇和婴儿房间的芳香剂。

🌿 桉树油（Eucalyptus）：桉树油散发着使人神清气爽的香气，对呼吸道疾病有着良好的治疗功效。此外还可用于治疗蚊虫叮咬和预防感冒。桉树油具有较强的抗菌能力，可有效防止空气中的细菌繁殖。

🌿 依兰油（Ylangylang）：依兰油散发着美妙的花香，具有愉悦心情的效果，可用于所有类型的皮肤，对产后的毛发损伤有不错的保养效果。

🌿 茉莉花油（Jasmine）：茉莉花油是用于干性皮肤或老化皮肤的油。由于香气比较重，每次使用1～2滴即可。茉莉花油具有治疗产后抑郁症的效果，常用于按摩和护肤品的制作，但严禁怀孕过程中使用。

🌿 德国洋甘菊油（German Chamomile）：德国洋甘菊油是最安全的精油之一，可用于婴儿和儿童。该油含有菊花和甜没药（Bisabolol）等消炎成分，对过敏性皮炎有不错的疗效。使用德国洋甘菊油涂抹皮肤时，其抗菌性有助于皮肤伤口愈合，缓解疼痛。此外，德国洋甘菊油还可用于湿疹、粉刺、干燥、瘙痒等症状的治疗。

🌿 天竺葵油（Geranium）：天竺葵油具有较出色的防腐、杀虫、抗病毒、除臭等功效，没有刺激性，适用于所有皮肤类型。天竺葵精油可控制皮脂生成，促进新皮肤生成，使发炎的皮肤变得更加柔顺光滑。

🌿 杜松子油（Juniper Berry）：杜松子油对排出体内毒素有着良好的效果，可用于控制脂肪团生成。此外可用于皮肤发炎、牛皮癣、油性皮肤、痤疮以及化脓的湿疹的治疗。怀孕过程中尽量不要使用。

🌿 **生姜油（Ginger）：** 生姜油一般不用于面部保养，主要用于促进消化和血液循环，还可用于消除脚气、湿疹和浮肿。生姜油还可为毛发提供营养，从而有利于防止脱发。

🌿 **快乐鼠尾草油（Clarysages）：** 快乐鼠尾草油适用于因女性激素水平异常引起的各类问题。此外对头痛、偏头痛、咳嗽、哮喘等也有帮助。快乐鼠尾草油还可抑制过度的皮脂生成，对油性毛发和头屑有治疗作用。严禁在怀孕期间使用。

🌿 **柑橘油（Tangerine）：** 柑橘油散发着柑橘属植物特有的甜美香味，对油性、痤疮皮肤有疗效，此外也可用于去除膨胀纹。

🌿 **茶树油（Tea Tree）：** 茶树油是一种抗菌能力出色的油，适用于呼吸系统疾病，皮肤湿疹、疱疹、痤疮、伤口、蚊虫叮咬等的治疗。茶树油可直接涂抹在皮肤上，但孕妇使用的话最好事先进行稀释。有些人可能对茶树油过敏，因此使用前最好先进行皮肤过敏试验（Patch Test）。

🌿 **松树油（Pine）：** 松树油散发着一种清爽的香气，可用在孕吐症状明显或心情不太好时。松树油可能会对皮肤产生刺激，所以尽量不要直接使用。

🌿 **广藿香油（Patchouli）：** 广藿香油散发着香气，主要用于消除抑郁、焦躁、精神压力，并能缓解受刺激的皮肤、皮疹、湿疹、干裂、伤口或伤疤、炎症等。

🌿 **玫瑰草油（Palmarosa）：** 玫瑰草的纯油对细胞的再生有着良好的疗效。玫瑰草油不仅对干燥和皱纹较多的皮肤有良好治疗效果，还可用于各类皮肤问题和痤疮的治疗，可使皮肤变得光滑柔软。

🌿 **橙叶油（Petitgrain）：** 橙叶油从橙叶中萃取而成，具有与橙花油类似的作用，主要包括防腐、紧致、除臭等治疗皮肤的功能，可用于油性以及痤疮皮肤。

🌿 **薄荷油（Peppermint）：** 薄荷油主要用于咳嗽、感冒等呼吸系统疾病和消化不良、腹泻等症状的治疗。用于治疗呼吸系统疾病时可少量吸入或作为芳香剂使用，而用于消化系统疾病时则需要少量稀释于植物油后按摩腹部。孕妇不可直接用于皮肤上，而缓解孕吐症状时可少量吸入或作为芳香剂使用。

🌿 **乳香油（Frankincense）：** 乳香油是一种只有盛夏才有的油，从非洲当地橄榄科树木中提炼而成。乳香油可促进细胞生成，具有皮肤再生的功效，尤其对老化皮肤和皱纹有疗效。乳香油还可用于哮喘、呼吸道炎等呼吸系统疾病的治疗。

Hydrozole

Hydrozole是通过水蒸气蒸馏法萃取精油时产生的副产物。虽然量很少，但同时包含了植物中的水溶性成分和脂溶性成分——精油，因此具有与精油相同的功效。单独使用时，可用于擦拭伤口或清洁口腔，也可用在沐浴或洗面时。除此之外，Hydrozole还经常用作制作化妆品和肥皂的材料，日常生活中也会用作芳香剂的制作成分。

橙花 Hydrozole（Neroli Hydrozole）： 经常用作卸妆油或润肤水的制作材料，适用于痤疮或敏感皮肤。对婴儿也可放心使用。

薰衣草 Hydrozole（Lavender Hydrozole）： 可用于所有类型的皮肤，具有均衡和治愈皮肤的效果，主要用于有伤口或破损的皮肤的治疗。

玫瑰 Hydrozole（Rose Hydrozole）： 锁水，维持皮肤平衡，对所有类型的皮肤皆有疗效。具有调节皮脂和抗菌的效果，可用于治疗痤疮。玫瑰 Hydrozole 是最具代表性的抗衰老、抗皱产品，对晒伤（Sunburn）也有帮助。玫瑰 Hydrozole 具有与纯玫瑰相同的香气，因此可用于缓解精神压力等精神问题。单独使用可用作润肤水，也可用于制作润肤露、润肤膏、面膜等。

蜜蜂花 Hydrozole（Melissa Hydrozole）： 香气与柠檬相似，具有均衡敏感性皮肤和消炎作用。

蓍草 Hydrozole（Yarrow Hydrozole）： 减小对皮肤刺激，并具有消炎作用。对破损的皮肤、痤疮、过敏性皮炎等有良好的疗效。此外，蓍草 Hydrozole 还可用于擦拭伤口，也可用于制作润肤膏、面膜、润肤露等护肤品。

金缕梅 Hydrozole（Witch Hazel Hydrozole）： 金缕梅 Hydrozole 强力抗氧化，可用于缓解皮肤皮疹、瘙痒和浮肿等症状，对消炎和治愈伤口有着良好的效果。

甘菊 Hydrozole（Chamomile Hydrozole）： 甘菊 Hydrozole 具有消炎作用，适用于所有类型的皮肤，对新生儿也可放心使用。主要用于尿布皮疹或敏感皮肤的治疗，也可用于皮疹、烧伤、瘙痒和湿疹等各种皮肤问题的治疗。擦拭婴儿皮肤时格外有效。

茶树 Hydrozole（Tea Tree Hydrozole）：防腐、抗菌、抗病毒能力出色，可有效治愈湿疹、脚气和各种皮肤问题，另外还可给皮肤带来清爽的感觉。

黄油 & 发蜡

乳木果油（Shea Butter）：乳木果油可促进面部和全身皮肤再生，对预防以及缓解膨胀纹、干性皮肤、干裂皮肤等的出现也有不错的效果。任何类型皮肤对乳木果油都不会产生刺激或过敏反应，因此敏感性、干性以及过敏性皮肤都可以放心地使用。

杏仁黄油（Almond Butter）：杏仁黄油的功效与乳木果油类似。皮肤渗透力出众，保湿能力优秀，同时不会对皮肤产生副作用。

天然蜂蜡（Bees Wax Natural）：天然蜂蜡是蜜蜂筑巢时分泌的一种蜡，含有天然保湿成分，不会对皮肤产生刺激作用。天然蜂蜡主要用于制作润肤膏或润肤露，另外具有特有的甜美香气，还经常用于制作蜡烛。

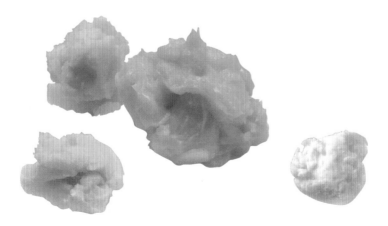

功能性添加物

柠檬酸（Citric Acid）：柠檬酸是护肤和护发用品的酸度调节剂，可以从柑橘科水果中自然萃取或人工合成，是化妆品行业最常用的酸，也可用作防腐剂。在制作肥皂的过程中，柠檬酸充当中和剂，用于中和碱性成分。

甘油（Glycerin）：甘油可提高皮肤的锁水能力。使用时一般稀释为1%～7%，若直接使用原液，可能会使皮肤变得更加干燥，所以要格外注意。

DF萃取物：DF萃取物是从比有机农产品更高一等的天然植物中提炼而成，是皇家自然和KIST天然研究所共同开发的抗菌物质。目前市面上抗菌肥皂中使用的抗菌物质基本都属于人工合成，而DF萃取物则是纯粹的天然产物，抗菌效果可持续9个小时。DF植物生长于蒙古的贫瘠自然环境中，1年之中只有1个月的时间可供人类徒手采集，所以价格很高。

D-泛醇（D-Phanthenol）：泛醇是泛酸（维生素B5）的维他命原（在体内变成维生素的物质）。D-泛醇可提高皮肤的保湿能力，刺激皮肤再生，可使干性皮肤变得光滑柔软和弹性十足。这不仅对预防炎症和瘙痒症有疗效，还能够强化发质，恢复破损毛发，使其变得更加光亮。

薄荷醇（Menthol）：薄荷醇是薄荷的主要成分。用作牙膏时具有除臭效果，给人清爽的感觉。用作减肥产品时，不仅能够消除浮肿，还能起到缓解肌肉酸痛的作用，但使用过多会对皮肤产生刺激作用，因此要注意用量。

保湿酊（Moistin）：保湿酊是从仙人掌中萃取出的皮肤亲和型保湿剂，可防治老化，改善皱纹，是赋予皮肤弹力的高保湿素材。

维生素C：维生素C可帮助胶原蛋白的合成，增加皮肤弹性，预防皱纹，遮挡紫外线，缓解皮肤过敏，抑制黑色素生成等。

维生素E：维生素E可保护皮肤细胞膜免受外部刺激，具有保湿和抗氧化作用，可防止皱纹的产生。用量过多时可能会产生黏稠感，因此制作配方时添加1%左右即可。

神经酰胺（Ceramide）：神经酰胺是存在于角质层的皮脂成分，起到保护真皮的主要成分胶原蛋白、弹性蛋白、透明质酸的作用。神经酰胺可在皮肤上形成一层保护膜，抵御外部刺激，防止水分蒸发。

丝氨基酸（Silk Amino Acid）：丝氨基酸可赋予皮肤丝一般的触感，增加皮肤弹性。此外还可防止脱发，起到保湿作用。

尿囊素（Allantoin）：尿囊素可促进新组织的生成，因此对破损皮肤的恢复有良好的疗效。尤其对痤疮或敏感性皮肤有着出众的疗效，可预防膨胀纹出现，提高皮肤柔软性。用于制作护发用品时，还有护发效果。

芦荟啫喱（Aloe Vera Gel）： 古代埃及人经常会将芦荟啫喱用于皮肤伤口、烧伤和炎症治疗上，有着悠久的使用历史。芦荟啫喱具有抗细菌、抗真菌效果，有助于伤口的愈合，此外对伤口、牛皮癣、生殖器单纯疱疹等疾病有着不错的疗效。

熊果苷（Arbutin）： 熊果苷可以影响生成雀斑和黑痣的罪魁祸首——黑色素的生成，从而抑制黑色素的增加。如果和维生素C配合使用，就能够得到更好的效果。

弹性蛋白（Elastin）： 弹性蛋白像弹簧一样支撑着胶原蛋白，在维持皮肤弹性上起着核心作用。

EGF（Easyef）： EGF是促进表皮组织再生的成分，可去除活性氧，使皮肤细胞得到再生，赋予皮肤弹力。此外还具有防止皮肤老化、去除皱纹、增强皮肤弹性等作用。

橄榄液（Olive Liquid）： 橄榄液是从橄榄油中萃取而成的增溶剂，具有一定保湿能力。增溶剂是增加溶质溶解度的物质。

橄榄蜡（Olive Wax）： 橄榄蜡是通过将橄榄油脂肪酸酯化而获得的乳化剂，刺激性要比植物乳化蜡小，因此可以用在婴儿身上。使用时吸水性和铺展性比较好，保湿效果出众。

角蛋白（keratin）： 角蛋白可以帮助皮肤受损角质层快速恢复，从而打造健康的皮肤。此外还可增强毛发的弹性。

辅酶Q10（Coenzyme Q10）： 辅酶在细胞内部可以去除活性氧，防止细胞老化，增强皮肤弹性。此外还可以抑制黑色素的生成并同时产生美白效果。

胶原蛋白（Collagen）： 胶原蛋白可有效防止皮肤老化和皱纹的产生。此外，保湿能力出众，可使皮肤维持湿润的状态。还可恢复受损皮肤组织，使皮肤保持年轻活力。

碳酸氢钠（Sodium Hydrogen Carbonate）： 用于皮肤时主要作为入浴剂的制作材料。洗面时取少量溶于水中，可有效去除黑头。碳酸氢钠具有pH调节功能，也可用于家庭中清洁卫生、洗衣、除臭。

植物美白剂（Whitense）： 植物美白剂是将桑黄、牛皮杜鹃、蜂胶的萃取物混合在一起而将美白效果极大化的天然药材复合物，主要用于黑痣、老化黑色素、妊娠斑和各种色素沉淀的治疗。

透明质酸（Hyrolonic Acid）： 透明质酸是一种天然保湿产品，可以提高皮肤内部的水分含量，同时增强皮肤保湿能力。

天然材料

🌱 绿泥（Green Clay）：绿泥对去除皮脂有着卓越的效果，常用于因皮脂增加而导致的皮肤问题的治疗。

🌱 红泥（Red Clay）：红泥具有均衡皮肤的效果，主要用在油性皮肤上。

🌱 黄泥（Yellow Clay）：黄泥对老化或缺乏活力的皮肤有不错的疗效。

🌱 粉泥（Pink Clay）：粉泥可使皮肤变得清新健康，适用于所有类型的皮肤。

🌱 白泥（White Clay）：白泥可以均衡敏感性皮肤。因对皮肤吸附效果出色，通常用于肥皂或入浴剂的制作，也用作面膜的制作材料。

🌱 蜂蜜：蜂蜜含有大量的维生素和蛋白矿物质，能够起到抗氧化以及治疗伤口的作用。消炎和对皮肤的均衡作用出色。此外，蜂蜜还具有对于皮肤的保湿和强化弹性等功效，常用作面膜和肥皂的制作材料。对花或植物过敏的人使用时需要格外注意。

🌱 绿茶：绿茶可用于收缩毛孔，使皮肤变得光滑湿润。

🌱 海带粉：海带粉富含钙、钾等矿物质，可促进人体新陈代谢。海带粉还能够增加皮肤湿度，坚固毛发，提高身体抵抗力。

🌱 死海盐：死海盐有助于促进血液循环，促进体内毒素的排出，使皮肤变得更加润滑和健康。

🌱 山羊奶：山羊奶对缺乏水分的干燥皮肤有着良好的疗效，常用作入浴剂或面膜浓度的调节剂。山羊奶对敏感性或过敏性皮肤的疗效也不错。

🌱 杏仁（Almond）：杏仁是一种营养成分较多的坚果，研磨后可作为肥皂的制作原料。

🌱 泻盐（Epsom Salt）：泻盐的矿物质和镁含量要比普通的盐高。患有过敏性皮肤炎、牛皮癣、湿疹、神经痛、关节炎的人可将泻盐作为沐浴盐，每周使用2次就能好转。泻盐还有助于体内毒素的排出。

🌱 黄瓜汁：黄瓜中的无机质、钾进入体内后便可排泄大量钠，对去除体内垃圾有着不错的效果。一根黄瓜大概含有10mg的维生素C，可以使新陈代谢变得更顺畅，坚固皮肤和黏膜，还可起到美白和预防感冒的作用。此外，黄瓜汁还具有去热和消炎的作用。

🌱 燕麦片（Oatmeal）：燕麦片含有丰富的维生素和矿物质，对皮肤无刺激，营养成分丰富，可用在敏感性皮肤上。

🌱 有机黑糖：有机黑糖可去除角质，为皮肤提供营养，滋润肌肤。有机黑糖可用在干燥皮肤上。

🌱 栗皮：栗皮可去除角质，具有紧致皮肤的效果，有助于毛孔的收缩。

🌱 海草：海草富含矿物质和蛋白质，可为皮肤提供养分。

草本植物

🌱 薰衣草（Lavender）：薰衣草可稳定神经，有助于摆脱疲劳。此外还具有清洁皮肤的效果，但怀孕初期尽量不要多喝。

🌱 玫瑰（Rose）：玫瑰中均匀地含有维生素C、A、B、E、K、P，烟酸，有机酸，单宁酸等，可缓解皮肤炎症，使干燥的皮肤变得湿润。玫瑰散发的美妙香气可稳定孕妇情绪。玫瑰还可用于敏感性皮肤。

🌱 迷迭香（Rosemary）：迷迭香用作茶叶时可促进血液循环，收缩毛孔，因此对油性皮肤格外有效。孕妇最好不要多喝。

🌱 玫瑰果（Rose Hip）：玫瑰果对老化或破损皮肤疗效较好，对去除皱纹有特效。玫瑰果富含维生素C，因此对孕妇有益。

🌱 金盏花（Calendula）：金盏花可均衡敏感肌肤，缓解各类皮肤过敏症状 。此外，还有助于伤口的再生，所以常用作润肤水、肥皂和入浴剂的制作材料。

🌱 甘菊（Chamomile）：头痛或疲劳时可以将甘菊作为茶叶饮用。有感冒症状时，甘菊配合薄荷一块饮用有良好的预防效果。甘菊对干性或敏感性皮肤、瘙痒或痤疮皮肤有益，但怀孕过程中尽量不要多喝。

🌱 薄荷（Peppermint）：薄荷可以有效缓解孕吐现象，比起口服，更好的方式是用作入浴剂或和肥皂配合使用。如果精油的味道过浓，可以配合少量薄荷充当芳香剂。怀孕初期尽量不要当作茶水饮用。

🌱 茴香（Fennel）：茴香有助于消化和排便，还能在母乳喂养阶段刺激产奶。不过，怀孕期间严禁被当作茶水饮用。

韩处方粉末

🌿**白僵蚕：**白僵蚕是出色的高保湿美白剂，可以让肌肤更加润泽，同时稳定疖子等。还具有消除炎症的作用。

🌿**白茯苓：**白茯苓具有卓越的保湿和美白功效，可解决痤疮、黑痣、雀斑等问题。白茯苓富含多糖、有机酸、蛋白质、维生素D、卵磷脂、腺嘌呤、胆碱和无机质，可用于滋润肌肤。

🌿**杏籽：**杏籽含有丰富的维生素和矿物质，能够使皮肤变得更光滑，为干燥粗糙的皮肤提供水分和养分。此外，杏籽对去除角质和美白也有一定作用。

🌿**三白草：**三白草含有钾，可滋润肌肤，同时富含芦丁、氨基酸糖类等，能够使毛细血管更加健康。三白草还有抗菌和促进皮肤再生效果，对治疗痤疮、潮热等有一定效果。

🌿**鱼腥草：**鱼腥草对油性或痤疮皮肤的治疗尤其有效，可以为皮肤提供养分，同时可去除角质和皮脂。鱼腥草还可用于预防各类皮肤顽疾和过敏性皮炎。

🌿**人参：**人参可以增强老化皮肤的弹性，尤其常用于改善皱纹问题。

植物萃取物

🌿**甘草萃取物：**甘草萃取物中含有丰富的维生素A、B、C，葡萄糖和果糖，能够使皮肤湿润光滑。甘草萃取物可以用于痤疮、湿疹、皮疹等问题的治疗，同时具有美白和均衡皮肤的功效。

绿茶萃取物： 绿茶萃取物可以给皮肤细胞和黏膜赋予活力，增强免疫力。此外，还可以预防因紫外线和有害环境导致的皮肤老化，对痤疮菌以及各种微生物具有出色的抗菌效果。

马齿苋萃取物： 马齿苋萃取物可以缓解皮肤过敏反应或刺激反应，为干燥的皮肤提供水分。另外，这种萃取物还可以恢复老化的皮肤。马齿苋萃取物的消炎效果出众，同时具有抗细菌和抗真菌功效。

雷公根萃取物： 雷公根萃取物具有出色的促进皮肤再生功效，可有效防止皱纹的产生。此外，还具有治愈伤口、促进血液循环等作用。

桑白皮萃取物： 桑白皮萃取物具有美白和保湿的双重功效，基本上没有任何不良反应，可适用于任何类型的皮肤。

墨西哥辣椒萃取物： 墨西哥辣椒萃取物是一种生长在墨西哥的草本植物，对防止脱发，促进毛发生长，消除红斑、脂溢性皮炎等有着良好的效果。墨西哥辣椒萃取物有助于维持光亮的毛发和健康的头皮，因此常用作防脱发制品的制作材料。

人参萃取物： 人参萃取物可为皮肤提供养分，消除精神压力，帮助皮肤重现活力。此外，还可作为防皱、防老化物质。另外因含有丰富的维生素和无机质，可用于缓解黑痣和雀斑的症状。

海娜萃取物： 海娜萃取物作为护发成分，具有维护头皮健康、抑制皮屑以及促进毛发生长等功效，还可防止毛发损伤、预防脱发。洗发时在洗发露或护发素中加入30%左右的海娜萃取物更有助于头皮健康。

怀孕期间有益于孕妇身体的天然材料

种类	材料
草本植物	玫瑰、金盏花、薄荷
天然材料	白泥、绿泥、杏仁、栗皮、海草、蜂蜜、死海盐、绿茶、海带粉
韩处方粉末	杏籽、三白草、白僵蚕、白茯苓
精油 （面部使用0.3%，身体使用1.5%）	柑橘、橙花、香橙、茶树、桉树、橙叶、柠檬、广藿香、松树、葡萄柚、檀香、薰衣草、罗马洋甘菊、玫瑰、乳香、柏树、天竺葵、依兰、薄荷（*橙色需在4个月之后使用）
基础油	甜杏仁油、杏籽油、金盏花浸泡油、琼崖海棠油、玫瑰籽油、摩洛哥坚果油、鳄梨油、大麻籽油、荷荷巴油
黄油&蜡	乳木果油、天然蜂蜡
功能性添加物 （使用时浓度要小于2%）	熊果苷、植物美白剂、尿囊素、EGF、胶原蛋白、弹性蛋白、辅酶Q10、透明质酸、神经酰胺、维生素C、维生素E
植物萃取物	桑白皮萃取物、绿茶萃取物、雷公根萃取物、马齿苋萃取物、墨西哥辣椒萃取物

分娩之后有益于女性身体的天然材料

种类	材料
草本植物	玫瑰果、茴香、甘菊、薰衣草、迷迭香
天然材料	白泥、绿泥、粉泥、黄泥、红泥、海草、有机黑糖、死海盐、泻盐、燕麦片、山羊奶、海带粉
韩处方粉末	人参、三白草、白僵蚕、白茯苓、鱼腥草
精油 （面部使用0.3%，身体使用1.5%）	快乐鼠尾草、玫瑰、薰衣草、罗马洋甘菊、橙花、乳香、天竺葵、柏树、杜松子、柠檬、葡萄柚、茉莉花、檀香、迷迭香
基础油	摩洛哥坚果油、大麻籽油、葡萄籽油、金盏花浸泡油、琼崖海棠油、月见草油、玫瑰籽油、鳄梨油、山茶油、橄榄油、荷荷巴油
黄油&蜡	乳木果油、天然蜂蜡
功能性添加物 （使用时浓度要小于2%）	熊果苷、植物美白剂、尿囊素、EGF、胶原蛋白、弹性蛋白、辅酶Q10、透明质酸、神经酰胺、维生素E、维生素C
植物萃取物	桑白皮萃取物、绿茶萃取物、雷公根萃取物、人参萃取物、甘草萃取物、马齿苋萃取物、墨西哥辣椒萃取物

♥ 怀孕过程中严禁使用的天然材料

精油

对女性激素的分泌会产生影响，具有促进生理需求功能的精油最好不要使用。为了孕妇自身和婴儿的健康，一定要注意。

功能性添加物

视黄醇：视黄醇含有大量能够促进胎儿发育、提高抗感染能力的维生素A。但如果使用过量的话，就有可能导致胎儿畸形，所以含视黄醇的化妆品也要适量使用。

天然材料

- 绿豆：绿豆属寒性，消炎作用较强，对孕妇不太好。此外还会消除胎儿必需的脂肪等物质，因此会影响胎儿的正常发育。

- 生姜：生姜含有的热量比较高，可引发湿疹或疖子，会对胎儿产生不良影响。

- 芦荟：芦荟性寒，韩医学认为芦荟可以使人体气力下沉，所以怀孕中严禁服用。不过芦荟对皮肤的均衡和保湿功效出色，所以外敷并不具有太大危险性。

- 薏仁：薏仁对治疗浮肿或肥胖有一定效果，但同时也会消除胎儿必需的水分，所以怀孕期间严禁使用。此外，薏仁对便秘严重或小便频繁的人也不太好。

- 红豆：红豆可打通人体气脉，疏散血液。但红豆会使怀孕期间的体内激素分泌变得旺盛，有可能导致胎儿畸形。

草本植物

❦ **迷迭香：** 迷迭香如果用作茶叶可使血液循环更加顺畅，但对孕妇不太好。外敷时会起到收缩毛孔的作用，因此常用于产后憔悴皮肤的保养。

❦ **茴香：** 茴香可帮助消化，但利尿作用较强，对孕妇不太好。母乳喂养期间，茴香可刺激母乳的分泌，所以尽量在产后使用。

韩处方粉末

大部分韩处方粉末可以在怀孕期间使用，但下列表格中的材料是严禁怀孕期间使用的，最好也不要用在皮肤上。

怀孕期间严禁使用的天然材料

种类	材料
草本植物	茴香、迷迭香
天然材料	薏仁、芦荟、红豆、绿豆、生姜
韩处方粉末	斑蝥、轻粉、雄黄、大戟、甘遂、牵牛子、莪术、干漆、麝香、红花、桃仁、牛膝、大黄、小蓬草、枳实、乌头、附子、半夏、天南星、冬葵子
精油	肉豆蔻、甜马郁兰、没药、罗勒、雪松、八角、蓍草、百里香、杜松子、牛膝草、肉桂叶、甜茴香、黑胡椒、茉莉花
功能性添加物	视黄醇

制作肥皂和化妆品的基础

制作天然肥皂&化妆品所需工具

不锈钢杯
用于加热油和苛性钠。

用于肥皂

用于化妆品

电子称
用于计量油、苛性钠和蒸馏水等。

刮铲
用于搅拌肥皂液或将残留在杯壁
上的肥皂液倒入肥皂模具。

温度计
用于测定皂化适宜温度。

加热器具
用于加热油或肥皂。

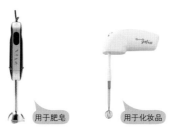

用于肥皂　用于化妆品

手提搅拌机

用于使油和苛性钠产生反应，制造肥皂液。
可轻松实现均匀混合。

pH 试纸

用于测定肥皂的酸碱度。

肥皂模具

用于使肥皂液固化定型。

保护装备

口罩、塑胶手套等。用于操作碱性较
强的肥皂液或苛性钠。

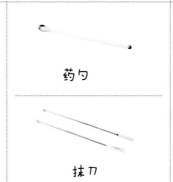

药勺

酒精喷雾剂

抹刀

玻璃杯

❤ 制作天然肥皂的基本原理和方法

TYPE 1. 制作MP肥皂

这是一种最简单的肥皂制作法，就连初学者也可以轻松上手。该方法不需要使用苛性钠，只要在皂坯中加入个人喜欢的香气和颜色就可以了，所以制作时间也较短。另外，该方法不需要额外的熟化时间，制作完可直接使用，无疑是体验制作肥皂乐趣的首选方法。

制作过程中如果添加少量甘油、维生素E、精油等，就能够得到保湿能力进一步强化的肥皂。通常制作1kg肥皂时，需要加入10ml甘油、5ml维生素E和10ml精油。

制作方法 ▪▪▪

❶ 用酒精给使用工具进行消毒。

❷ 将皂坯切成适当大小。皂坯体积越小，融化得就越快，所以能够节省时间。

❸ 用电子称量好皂坯重量，放入加热容器，加热使其完全融化。加热温度最好不要超过75℃。
如果肥皂液的温度过高，就可能导致添加物的颜色和香气变质，从而产生大量泡沫，所以要格外注意控制温度。如果使用电磁炉，按照20～30秒的间隔加热到皂坯融化为止即可。

❹ 皂坯完全融化之后慢慢搅拌并冷却。

❺ 将适用于不同类型皮肤的添加物倒入玻璃杯，搅拌均匀。

❻ 将5倒入4中搅拌均匀。只有当肥皂液冷却到一定程度之后加入添加物，才可以保存好香气。

❼ 倒入精油。

❽ 小心翼翼地将肥皂液倒入肥皂模具。

❾ 在肥皂上轻轻喷上酒精除去气泡，待肥皂完全凝固之后便可从模具中取出肥皂投入使用。如肥皂脱离模具比较困难，则可以先将模具放入冷冻室存放30分钟左右。

TYPE 2. 制作CP肥皂

　　该方法是制作肥皂的最基本方法，可以自由地调整油的成分比例和添加物，最适合打造全世界独一无二的肥皂。将常温中皂化的肥皂液倒入肥皂模具，保温24小时之后再经过4～6周的熟化，便能够得到CP肥皂。

制作肥皂时，如果想使苛性钠和基础油发生反应，便需要将苛性钠转化成水溶液状态。用蒸馏水稀释苛性钠时，水的使用量是由总油量确定的，此时，水的使用量会对肥皂的硬度产生影响。水量通常为总油量的30% ～ 40%，只有牢记准确的计算方法，才能避免失误。

水量计算方法：

例：当总油量为100g时需要的水量为

100×（0.3～0.4）=30～40g

通常取33%。

100×0.33=33g

　　苛性钠（NaOH）会和油发生反应，最终变成肥皂。每一种油所需要的苛性钠量都不同，而该值叫作"皂化值"。制作肥皂时需要的苛性钠量可以通过油量乘以相应的皂化值得出。

苛性钠量计算方法：

用棕榈油 100g、椰子油100g制作肥皂时必要的苛性钠量

棕榈油100g×棕榈油的皂化值0.141

椰子油100g×椰子油的皂化值0.190

故，制作肥皂时需要的苛性钠总量为14.1+19.0=33.1g

制作透明肥皂、冷制皂、洁面泡沫时需要计算苛性钠（NaOH）的皂化值，而制作洗手液或洁面泡沫时需要计算苛性钾（KOH）的皂化值。事先弄清苛性钠和苛性钾的计算方法上的差异也是非常有必要的。

苛性钠和苛性钾的计算方法：

例：皂化100g葵花籽油时需要的苛性钠量

100g×0.134=13.g

皂化100g葵花籽油时需要的苛性钾量

100g×0.1876=18.76g

计算苛性钠量时利用折扣（Discount）法和超脂肪（Superfat）法就能够造出非比寻常的肥皂。折扣法指实际加入的苛性钠量少于计算值。苛性钠量相对较少的话，过剩的油分就会转化为保湿成分残留在肥皂中，从而生成保湿性更高的肥皂。而超脂肪法是用来制作轻柔肥皂的方法，通过添加一定量的油并避免与苛性钠产生反应，从而残留在肥皂中。添加油可以在制作肥皂的Trace阶段完成。

不过，如果过度使用折扣法和超脂肪法，就可能导致肥皂的有效期缩短，所以范围控制在5% ~ 10%时效果最佳。此外，一定要加入维生素E等天然防腐剂。

制作方法：

❶ 量取苛性钠和蒸馏水，将苛性钠放入蒸馏水中制成苛性钠溶液。溶解时一定要使用不锈钢容器，并穿戴好塑胶手套和口罩等。注意不要让溶液溅到身上，苛性钠一旦接触到皮肤，要立刻用水洗净，并用食醋中和相应的部位。尤其注意不能吸入苛性钠溶液散发的水蒸气。

❷ 量取基础油。将混合好的基础油缓缓加热至45℃~55℃。

❸ 随后将苛性钠溶液缓缓倒入装有基础油的容器中，边倒边搅拌均匀，直到其温度与基础油相同。

❹ 轮番使用刮铲和手提搅拌器使肥皂液混合均匀。搅拌器使用10秒左右。

❺ 当肥皂液处在Trace状态时加入添加物，并用刮铲搅拌均匀。

❻ 将肥皂液倒入肥皂模具，盖好盖子，避免肥皂和空气相接触。

❼ 用毛巾包好模具，使其进入皂化过程。1~3天之后，从肥皂模具中取出肥皂，用刀切成希望的大小和形状。

将肥皂置于通风良好的环境4~6周时间，使其干燥和熟化。

❽ 4~6周之后先测定pH值，如pH值处在8~9范围内，便可使用。

什么是Trace状态?

　　油和苛性钠混合而成的肥皂液会逐渐变成黏稠形态，这就叫作Trace状态。用手提搅拌器搅拌肥皂液约5分钟，就会变成Trace状态，而用刮铲手动搅拌时则需要1小时左右。

利用pH试纸测定酸碱度

　　做好肥皂之后，使用前需要测定pH值。市面上的pH试纸就可以帮我们简单测定。pH试纸上的数如果是1～6，则溶液属于酸性，数值越高就越偏向碱性。正常的肥皂pH值处在7～9范围内。熟化好的肥皂沾少许水，起泡之后用pH试纸沾一下起泡处，再和下方的颜色进行对比。

pH	1	>	2	>	3	>	4	>	5	>	6	>	7	>	8	>	9	>	10	>	11
强酸											弱酸		中性				弱碱				强碱

TYPE 3. 制作HP肥皂

这是一种通过加热进行皂化而制作肥皂的方法。到Trace状态为止的流程与CP肥皂制作法相似，下一步则是进行加热。这种方法主要用于制作透明肥皂或液态肥皂。

计算材料的用量：

1. 确定油的用量。

椰子油300g，蓖麻子油200g

2. 计算苛性钾的用量。

椰子油300×0.266=79.8g

蓖麻子油200×0.180=36.0g

苛性钾总用量=115.8g

大约为116g。

3. 计算苛性钾所需要的蒸馏水用量。

稀释所用的蒸馏水用量与苛性钾总用量相同。

即，稀释用蒸馏水同样为116g。

4. 确定白糖用量。

白糖用量通常为总油量的6%~9%即可。这里取9%。

故，白糖用量为500×0.09=45g。

5. 计算稀释白糖所需要的蒸馏水。

蒸馏水一般为白糖的6~10倍。这里取6倍。

故，用于稀释白糖的蒸馏水需要45×6=270g。

6. 确定稀释液态肥皂所需要的蒸馏水。

液态肥皂的浓度是因人喜好而异的，所以按照自己的需要进行稀释即可。这里取总量的50%，利用玫瑰香水进行稀释。如果想得到更浓的液态肥皂，可以减少玫瑰香水或蒸馏水的加入量，相反如果想得到更稀的液态肥皂，可以多加蒸馏水。

制作方法：

❶ 量取苛性钾和蒸馏水，将苛性钾放入蒸馏水中，制成苛性钾溶液。

❷ 将白糖溶于沸腾的蒸馏水中，制成白糖溶液之后封存好。

❸ 量取基础油，利用加热器具加热至65℃。

❹ 加热苛性钾溶液直至与基础油相同的温度，随后将苛性钾溶液倒入装有基础油的容器。

❺ 利用手提搅拌器搅拌至Trace状态。搅拌过程中肥皂液会变成凡士林状态，此时加入白糖溶液。当肥皂液度过Trace状态之后便会出现膨胀的现象，此时取出搅拌器，开始手动搅拌。随后肥皂液便会重新下沉。注意，如果搅拌速度过慢，肥皂液就有可能溢出。

❻ 缓缓用搅拌器进行搅拌，使白糖溶液完全渗入肥皂液中。

❼ 肥皂液完全吸收白糖溶液之后，就用刮铲搅拌肥皂液。

❽ 将肥皂液放入袋子里密封，2～3周后按照1:1的比例用蒸馏水稀释。

❾ 测定pH，如果pH值在8～9范围内，便可放心使用，如果超出10，则需要加入中和剂进行中和。此时可以按照个人意愿加入精油、保存剂、色素等添加物。

TYPE 4. 制作再生皂

这是一种重新加工现有肥皂的方法。将肥皂切成小块，融化之后按照自己的意愿重新塑形，同时加入希望得到的香气和色素。这种方法对于在其他制作过程中制作失败的肥皂可以重新利用，所以相当实用。而且这种方法不需要加入苛性钠，所以操作起来既方便又安全，适合初学者上手。

制作方法：

❶将废肥皂切成屑倒进容器。

❷在1中倒入蒸馏水密封好。蒸馏水的用量最好为肥皂重量的20%左右。

❸将2放在加热器具上加热30～40分钟。

❹加热完毕后，加入事先准备好的添加物，搅拌均匀。

❺将肥皂液倒入肥皂模具。倒入模具时注意不能让空气进入。用手塑形时也要用力使肥皂变得坚固。

❻1～2天之后便可使用。熟化尚未完成的肥皂如果再生，需要等到熟化期结束后使用。

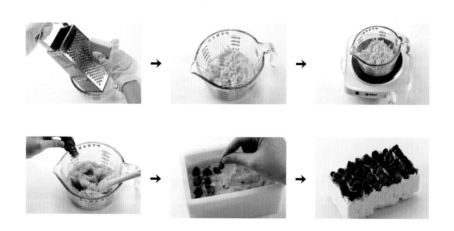

制作再生皂时的若干建议：

1.选择适合皮肤类型的精油进行添加。

2.1kg肥皂适合加入10ml精油，而500g肥皂适合加入30～60ml的蒸馏水。

3.用牛奶、芦荟啫喱或花露水替代蒸馏水效果更佳。

4.可以加入食品、水果等多样的添加物，打造独一无二的肥皂。

5.可利用水果和蔬菜等添加物为皮肤提供营养，但是不适合低温法肥皂制作。

制作天然化妆品的基本原理和方法

TYPE 1. 润肤水（爽肤水）

以适合不同皮肤状态为目而制作的润肤水可根据收缩毛孔、洁面等不同选取不同的精油和花露水构成具体配方。若想做出润肤水，就需要能够使水和油混合均匀的增溶剂。

制作方法：

❶ 对要使用的工具和容器进行消毒。

❷ 在玻璃杯中放入精油和增溶剂（橄榄液），搅拌均匀。

❸ 在2中倒入蒸馏水（花露水），搅拌均匀。

❹ 加入添加物，搅拌均匀之后，再转移到已消毒的容器。

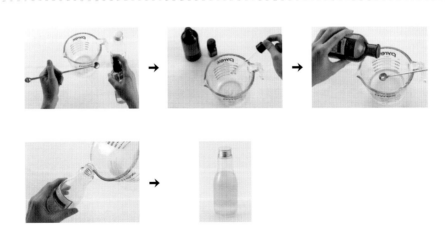

TYPE 2. 润肤露&润肤膏

　　制作润肤露和润肤膏的方法相同，只是所投入材料的比例有一定差异。如果能够准确地了解各种材料的特性，就可以轻松制作出理想的润肤露或润肤膏。以水、油和乳化剂为基本材料，再加入多样的功能性添加物，就能够为润肤露和润肤膏赋予特性。

制作方法：▪▪▪

❶ 量取一定量基础油和乳化剂，倒入玻璃杯。（→这叫作油层。）

❷ 在另一个玻璃杯中定量倒入蒸馏水（花露水）。（→这叫作水层。）

❸ 分别对油层和水层进行加热，直至温度达到70℃为止。

❹ 将水层倒入油层。

❺ 用刮铲和手提搅拌器搅拌均匀。

❻ 待混合物变得黏稠之后便可加入功能性添加物和精油，搅拌均匀。

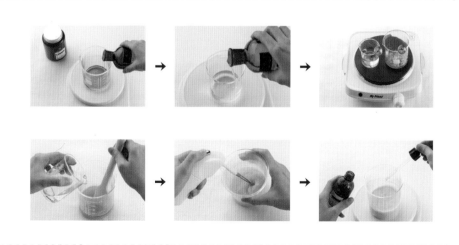

TYPE 3. 精华

护肤重点产品——由于精华是具有高性能的产品，因此制作时需要加入功能性添加物。然而，孕妇的皮肤有别于常人的皮肤，应当降低功能性添加物的所含比例，从而避免对胎儿造成不良影响。而待孩子出生之后，孕妇也会和孩子一起生活，所以产后也需要减少精华的刺激性作用。

制作方法：

❶ 对要使用的工具和容器进行消毒。

❷ 量取一定量芦荟啫喱倒入玻璃杯中。

❸ 加入精油，搅拌均匀。

❹ 放入花露水和添加物，用手提搅拌器混合均匀。

❺ 将混合物倒入已消毒的容器，贴上标签。

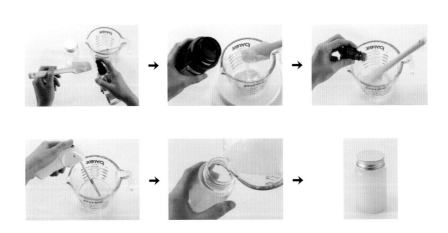

TYPE 4. 软膏

唇膏、润肤膏或眼膏等产品不需要加入水分，只用油和蜡即可。软膏是一种富含植物营养成分的产品，可以预防皮肤水分的流失，打造光滑水润的肌肤。

制作方法 :

❶ 对要使用的工具和容器进行消毒。

❷ 量取一定量基础油、黄油和蜡，倒入玻璃杯。

❸ 置于加热器具上，加热融化。

❹ 冷却一会儿之后，加入添加物和精油，搅拌均匀。

❺ 转存到已消毒的容器中，贴上标签。

TYPE 5. 气泡弹

　　最典型的入浴剂——气泡弹同时适用于怀孕过程和产后护理阶段。清爽的气泡和香气可以使情绪好转，同时可吸附水中的不良成分，使洗浴水变得更加洁净。

制作方法： ━━━━━━━━━━━━━━━━━━━━━━━━━━━━━━━━

❶ 对要使用的工具进行消毒。

❷ 量取适量柠檬酸、碳酸氢钠和粉泥，倒入搅拌钵（或玻璃杯）。

❸ 倒入添加物和精油，同时要用刮铲持续搅拌，避免凝固成团。

❹ 将蒸馏水（花露水）倒入喷雾容器，均匀喷入搅拌钵，使混合物呈现黏稠固体状。

❺ 用手握住混合物，如果能结成团，就可用事先准备好的模具定型。

❻ 置于凉爽的空间进行干燥，并用塑料膜包装保存。

孕妇必须遵守的安全守则

材料——精油的选择和使用

虽然专家们对怀孕期间精油可能产生的危害持有不同见解，但普遍的共识为：口服必然会引发问题，而外敷时大部分都会被皮肤吸收，传达到胎儿的量只有1/7 000 000，可谓是微乎其微。然而虽然外敷时，对婴儿的直接影响如此之小，但有些精油却具有调节生理周期或促进生理功能、强化或收缩子宫的功效，因此使用时要格外留意。

制作——作业环境与接触材料

制作天然肥皂时会接触到苛性钠和苛性钾等碱性物质。此时需要穿戴安全装备，并在通风良好的环境中进行作业。尤其对于孕妇来说作业过程中可能会出现头痛或眩晕等症状，因此要格外注意通风状况。若不小心溅到皮肤上，需要立刻用肥皂擦洗。

使用方法——怀孕期间按摩要领：

· 怀孕5个月之前不可以做腹部按摩。

· 经络按摩最好在怀孕期间和产后1年内一直持续。

· 疲劳时，可以进行缓解肩部肌肉结块的瑞典按摩或淋巴按摩等相对温柔的按摩。

· 腹部隆起之后不要趴着做按摩。

不同精油的皂化值（Saponification Value）

精油	苛性钾（KOH）	苛性钠（NaOH）
甜杏仁油（Sweet Almond Oil）	0.1904	0.136
杏籽油（Apricot kernel Oil）	0.1890	0.135
鳄梨油（Avocado Oil）	0.1862	0.133
牛油（Beef Tallow）	0.1967	0.1405
蜂蜡（Bees Wax）	0.0966	0.069
琉璃苣油（Borage Oil）	0.1900	0.1357
芥花油（Canola Oil - Rape seed）	0.1856	0.1324
蓖麻子油（Castor Oil）	0.1800	0.1286
可可油（Cocoa Butter）	0.1918	0.137
椰子油（Coconut Oil）	0.2660	0.19
玉米油（Corn Oil）	0.1904	0.136
棉花籽油（Cottonseed Oil）	0.1940	0.1386
亚麻油（Flaxseed Oil）	0.1883	0.135
葡萄籽油（Grapeseed Oil）	0.1771	0.126
榛果油（Hazelnut Oil）	0.1898	0.1356
大麻籽油（Hempseed Oil）	0.1883	0.1345
荷荷巴油（Jojoba Oil）	0.0966	0.069
羊毛脂（Lanolin - Wool Fat）	0.1037	0.0741
猪油（Lard）	0.1932	0.138
澳洲坚果油（Macadamia Oil）	0.1946	0.139
貂油（Mink Oil）	0.1960	0.14
印楝油（Neem Oil）	0.1941	0.1387

精油	苛性钾（KOH）	苛性钠（NaOH）
橄榄油（Olive Oil）	0.2184	0.156
橄榄果渣油（Olive Pomace Oil）	0.2184	0.156
棕榈黄油（Palm Butter）	0.2184	0.156
棕榈仁油（Palm kernel Oil）	0.2184	0.156
棕榈油（Palm Oil）	0.1974	0.141
花生油（Peanut Oil）	0.1904	0.136
南瓜籽油（Pumpkinseed Oil）	0.1890	0.135
米糠油（Rice Bran Oil）	0.1792	0.128
红花油（Safflower Oil）	0.1904	0.136
麻油（Sesame Oil）	0.1862	0.133
乳木果油（Shea Butter）	0.1792	0.128
起酥油（Shortening - Vegetable）	0.1904	0.136
豆油（Soybean Oil）	0.1890	0.135
葵花籽油（Sunflowerseed Oil）	0.1876	0.134
核桃油（Walnut Oil）	0.1894	0.136
麦胚油（Wheat Germ Oil）	0.1834	0.131
山茶油（Camellia Oil）	0.191	0.1362
玫瑰籽油（Rose Hipseed Oil）	0.193	0.1387
鸸鹋油（EMU）	0.196	0.1359
月见草油（Evening Primrose Oil）	0.191	0.136
硬脂酸（Stearic Acid）	0.208	0.148

part 2

为孕妇
准备的
天然护理

Chapter 1

保持皮肤湿润
的面部护理

可以调节皮脂分泌量的
茶树皮脂调节润肤水

怀孕期间，孕妇常常会出现各种皮肤过敏现象，因而很受困扰。尤其是因皮脂分泌变得格外旺盛而致使皮肤时常处于油腻的状态。下面介绍的有利于皮脂分泌调节的润肤水可以有效缓解这一问题。洗面之后使用会使肌肤时刻保持清爽。

 材料：

花露水： 茶树水 50ml、薄荷水50ml。
精油&增溶剂： 茶树油5滴、柠檬油5滴、橄榄液10滴。

 制作方法：

1. 用酒精将要使用的工具和容器进行消毒。

2. 量取适量精油和增溶剂，倒入250ml玻璃杯中。

3. 倒入花露水，搅拌均匀。

4. 转存到消毒好的容器中，贴上标签。

 Tip! 皮肤容易过敏或皮脂分泌较多和毛孔粗大的皮肤在洗面时需要用凉水多冲洗几次，使毛孔得到收缩，同时最少化皮脂的分泌量。如果能再用些油性皮肤或过敏性皮肤专用润肤水就更好。

润肤水使用方法：

1. 将润肤水喷在化妆棉上擦拭皮肤。（用于去除较多的皮脂和化妆残留物。）

2. 取适量润肤水涂抹于面部，轻轻拍打，使其充分吸收。（一般情况。）

3. 将润肤水倒入喷雾容器中，朝面部喷洒若干次，使其充分吸收。（敏感皮肤。）

4. 将润肤水喷在化妆棉上，涂抹于水分不足的部位，生成局部面膜。

用于缓解怀孕期间长痣的
柠檬维生素润肤水

很多孕妇在怀孕期间会饱受色素沉着的烦恼，比如雀斑颜色加深或突然出现黑痣，等等。下面介绍的是只用美白材料制作而成的维生素润肤水。

 材料：

花露水：橙花水100ml。
精油&增溶剂：橙油5滴、柠檬油5滴、橄榄液10滴。
添加物：维生素C粉末1g。

 制作方法：

1. 用酒精将要使用的工具和容器进行消毒。

2. 量取适量精油和增溶剂，放入250ml玻璃杯。

3. 加入花露水，搅拌均匀。

4. 加入维生素C粉末，搅拌均匀。

5. 转存到消毒好的容器中，贴上标签。

为打造湿润光滑皮肤而准备的

紫檀润肤水

该配方适合在皮肤干燥或瘙痒时使用。紫檀润肤水去除角质的效果比较出色，从而可以使孕妇容易粗糙的皮肤变得水润光滑。如果做基础化妆能够感受到化妆效果极其自然。

 材料：

花露水： 甘菊水100ml。
精油&增溶剂： 罗马洋甘菊油2滴、紫檀油3滴、橄榄液5滴。

 制作方法：

1. 用酒精将要使用的工具和容器进行消毒。

2. 量取适量精油和增溶剂，放入250ml玻璃杯。

3. 加入花露水，搅拌均匀。

4. 转存到消毒好的容器中，贴上标签。

保湿、保护，一步到位的

芦荟润肤露

芦荟是一种保湿效果比较好的材料，怀孕期间也可使用。除了保湿效果外，芦荟的美白效果也相当出色，并可同时避免皮肤受到各种刺激的影响而使皮肤保持均衡。

 材料：

油　层： 芦荟油6g、荷荷巴油7g、乳木果油3g、橄榄乳化蜡3g。
水　层： 芦荟水55g。
添加物： 透明质酸3g、神经酰胺3g、芦荟啫喱20g、熊果苷1g。
精　油： 茶树油5滴、玫瑰草油3滴、薰衣草油2滴。

 制作方法：

1. 量取适量油层材料，放入250ml玻璃杯。

2. 量取适量水层材料，放入100ml玻璃杯。

3. 用加热器具分别对1和2进行加热。

4. 当两种材料温度达到70℃时，将水层缓缓倒入油层。

5. 同时利用刮铲和手提搅拌器搅拌均匀。

6. 待混合物变得黏稠之后，放入添加物和精油，搅拌均匀。

7. 转存到消毒好的容器中，贴上标签。

打造清洁透明皮肤的

绿茶籽美白润肤露

该配方可有效缓解怀孕期间长痣等问题。虽然怀孕期间长出的痣会在产后慢慢消失，但如果你想成为一个自始至终都美丽动人的女人，就需要在怀孕期间时刻保养好自己。

 材料：

油　层： 玫瑰籽油7g、绿茶籽油13g、橄榄乳化蜡5g。

水　层： 橙花水70g。

添加物： 透明质酸3g、神经酰胺3g、熊果苷1g。

精　油： 橙油2滴、柠檬油8滴。

制作方法：

1. 量取适量油层材料，放入250ml玻璃杯。

2. 量取适量水层材料，放入100ml玻璃杯。

3. 用加热器具分别对1和2进行加热。

4. 当两种材料温度达到70℃时，将水层缓缓倒入油层。

5. 同时利用刮铲和手提搅拌器搅拌均匀。

6. 待混合物变得黏稠之后，放入添加物和精油，搅拌均匀。

7. 转存到消毒好的容器中，贴上标签。

打造弹性水润肌肤的

甘菊润肤露

如果你的皮肤变得又干又粗糙，就可以试一试甘菊润肤露。该配方可以为干燥的皮肤提供水分和胶原蛋白而使皮肤变得水润并富有弹性。润肤露本身非常柔和，涂抹在脸上触感很好。

 材料：

油　层： 鳄梨油7g、澳洲胡桃油10g、乳木果油3g、橄榄乳化蜡4g。
水　层： 甘菊水71g。
添加物： 胶原蛋白3g、神经酰胺3g。
精　油： 罗马洋甘菊油2滴、薰衣草油3滴。

 制作方法：

1. 量取适量油层材料，放入250ml玻璃杯中。

2. 量取适量水层材料，放入100ml玻璃杯中。

3. 用加热器具分别对1和2进行加热。

4. 当两种材料温度达到70℃时，将水层缓缓倒入油层。

5. 同时利用刮铲和手提搅拌器搅拌均匀。

6. 待混合物变得黏稠之后，放入添加物和精油，搅拌均匀。

7. 转存到消毒好的容器中，贴上标签。

去除面部油腻的
芦荟精华

怀孕期间，由于激素水平发生了变化，面部可能会因皮脂分泌量的增加而导致油腻。芦荟可以使皮肤变得湿润又不油腻，且不会对孕妇产生任何刺激和副作用，可安心使用。

 材料：

基本材料： 芦荟啫喱83g。
植物油： 荷荷巴油5g。
花露水： 金缕梅水5g。
添加物： 透明质酸3g、神经酰胺3g、D泛酸1g。
精　油： 茶树油5滴、薰衣草油5滴。

 制作方法：

1. 量取适量芦荟啫喱，倒入250ml玻璃杯中。

2. 加入荷荷巴油和金缕梅水，用手提搅拌器搅拌均匀。

3. 加入添加物和精油，搅拌均匀。

4. 转存到消毒好的容器中，贴上标签。

帮你找回20岁肤色的
玫瑰果维生素润肤膏

怀孕期间，每次看镜子，都会被眼前的黑痣和雀斑搞得心情大跌。此时，我们可以利用富含维生素的材料进行保养，不仅能够使灰暗的皮肤重新闪亮，还可以期待一下美白效果。

 材料：

油　层： 玫瑰籽油10g、金黄荷荷巴油13g、麦胚油3g、橄榄乳化蜡7g。
水　层： 橙花水60g。
添加物： 透明质酸3g、神经酰胺3g、熊果苷1g。
精　油： 橙油5滴、柠檬油5滴。

 **制作方法：**

1. 量取适量油层材料，放入250ml玻璃杯中。

2. 量取适量水层材料，放入100ml玻璃杯中。

3. 用加热器具分别对1和2进行加热。

4. 当两种材料温度达到70℃时，将水层缓缓倒入油层。

5. 同时利用刮铲和手提搅拌器搅拌均匀。

6. 待混合物变得黏稠之后，放入添加物和精油，搅拌均匀。

7. 转存到消毒好的容器中，贴上标签。

为死气沉沉的皮肤吹入活力的
乳香保湿润肤膏

当皮肤干燥，出现角质时，可以使用该配方进行保养。尤其那些平时皮肤干燥的人，怀孕期间会变得更加干燥，所以建议应提前开始做保养。

 材料：

油　层： 鳄梨油8g、澳洲胡桃油10g、乳木果油10g、橄榄乳化蜡7g。
水　层： 甘菊水45g。
添加物： 透明质酸5g、神经酰胺10g、芦荟啫喱5g。
精　油： 天竺葵油2滴、乳香油3滴。

 **制作方法：**

1. 量取适量油层材料，放入250ml玻璃杯中。

2. 量取适量水层材料，放入100ml玻璃杯中。

3. 用加热器具分别对1和2进行加热。

4. 当两种材料温度达到70℃时，将水层缓缓倒入油层。

5. 同时利用刮铲和手提搅拌器搅拌均匀。

6. 待混合物变得黏稠之后，放入添加物和精油，搅拌均匀。

7. 转存到消毒好的容器中，贴上标签。

让皮肤更加闪亮的
柠檬美白精华

这是一副能够使暗淡无光的皮肤重新闪耀的配方。想要得到完美的美白效果，可以添加一些功能性添加物。市面上的熊果苷、植物美白剂等功能性添加物，为使用者提供了更广泛的选择空间。

 材料：

基本材料：芦荟啫喱50g。
花露水：甘菊水30g。
美白功能性添加物：熊果苷1g、植物美白剂1g、维生素C粉末1g。
保湿功能性添加物：D泛酸1g、神经酰胺3g、透明质酸3g。
基础油：玫瑰籽油3g、澳洲胡桃油7g。
精　油：橙油2滴、柠檬油8滴。

 制作方法：

1. 量取适量芦荟啫喱和甘菊水，倒入250ml玻璃杯中。

2. 加入基础油和功能性添加物，利用手提搅拌器搅拌均匀。

3. 加入精油，混合均匀。

4. 转存到消毒好的容器中，贴上标签。

保持嘴唇润泽的

荷荷巴唇膏

嘴唇的皮肤是最脆弱的，同时也是最容易忽视的部位。然而，嘴唇只要破损一次，就会影响整体整洁的形象，恢复起来也需要较长的周期。自己动手制作唇膏，经常使用的话，就能够保持健康和清洁的形象。

 材料：

基本材料： 乳木果油35g。
基础油： 荷荷巴油20g、金盏花浸泡油10g。
乳化剂： 天然蜂蜡15g。
添加物： 维生素E1g。
精　油： 柑橘油10滴。

 制作方法：

1. 量取适量乳木果油和基础油，放入100ml玻璃杯中。

2. 加入天然蜂蜡，利用加热器具进行加热。

3. 待完全融化之后，冷却一段时间，加入维生素E和精油，搅拌均匀。

4. 转存到消毒好的容器中，贴上标签。

缓解怀孕型皮炎的

琼崖海棠皮炎膏

就算你平时拥有健康皮肤，怀孕期间也可能遭受过敏性皮炎的困扰。所以如果拥有干燥又敏感的皮肤，就更需要重视保湿。而如果你已经患有皮炎，单靠保湿剂是无法解决问题的，最好亲自制作皮炎膏进行保养。

 材料：

基本材料： 乳木果油30g。
基础油： 琼崖海棠油4g、金盏花浸泡油10g。
乳化剂： 天然蜂蜡7g。
添加物： 维生素E1g。
精　油： 德国洋甘菊油5滴、薰衣草油8滴。

 **制作方法：**

1. 量取适量乳木果油和基础油，放入100ml玻璃杯中。

2. 加入天然蜂蜡，利用加热器具进行加热。

3. 待完全融化之后，冷却一段时间，加入维生素E和精油，搅拌均匀。

4. 转存到消毒好的容器中，贴上标签。

Chapter 2

维持孕前
身材的腹部 &
下体护理

预防怀孕型膨胀纹的
玫瑰果弹力膏

孕妇最大的烦恼之一便是膨胀纹。膨胀纹通常会在产后逐渐得到缓解，但痕迹有时也会残留很长时间。最好的解决办法是一开始就预防膨胀纹的产生。从怀孕初期就重视腹部的保养，加强皮肤弹性。

 材料：

油　层： 玫瑰籽油10g、摩洛哥坚果油10g、乳木果油10g、橄榄乳化蜡7g。
水　层： 橙花水60g。
添加物： 透明质酸2g、神经酰胺2g、维生素1g。
精　油： 薰衣草油5滴、柑橘油8滴、橙花油7滴。

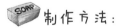 **制作方法：**

1. 量取适量油层材料，放入250ml玻璃杯中。

2. 量取适量水层材料，放入100ml玻璃杯中。

3. 用加热器具分别对1和2进行加热。

4. 当两种材料温度达到70℃时，将水层缓缓倒入油层。

5. 同时利用刮铲和手提搅拌器搅拌均匀。

6. 待混合物变得黏稠之后，放入添加物和精油，搅拌均匀。

7. 转存到消毒好的容器中，贴上标签。

缓解怀孕型膨胀纹的

摩洛哥坚果油按摩油

就算平时注意保养的人在怀孕后半期随着身体和腹部变大，开始疏忽保养的话，也很容易产生膨胀纹。所以如已产生膨胀纹，趁还没有加深之前使用按摩油可起到缓解的目的。

 材料：

基础油： 摩洛哥坚果油50ml、玫瑰籽油20ml、金黄荷荷巴油30ml。
添加物： 维生素E1g。
精　油： 薰衣草油5滴、柑橘油7滴、橙花油8滴。

 制作方法：

1. 用酒精将要使用的工具和容器进行消毒。

2. 量取适量基础油，倒入250ml玻璃杯中。

3. 加入维生素E和精油，搅拌均匀。

4. 转存到消毒好的容器中，贴上标签。

山金车按摩膏

怀孕期间随着腹部的膨胀，对腰部会产生很大的受力。如果平时通过按摩强化腰部肌肉的话，就能起到一定缓解作用。准备好专用的按摩膏，向丈夫求助也是不错的选择。

 材料：

油　层： 圣约翰麦汁油10g、山金车浸泡油10g、乳木果油10g、橄榄乳化蜡7g。

水　层： 橙花水50g。

添加物： 透明质酸1g、神经酰胺1g、维生素E1g、甘油10g。

精　油： 柠檬油10滴、黑胡椒油2滴、薄荷油5滴、桉树油5滴、松树油3滴。

 制作方法：

1. 量取适量油层材料，放入250ml玻璃杯中。

2. 量取适当水层材料，放入100ml玻璃杯中。

3. 用加热器具分别对1和2进行加热。

4. 当两种材料温度达到70℃时，将水层缓缓倒入油层。

5. 同时利用刮铲和手提搅拌器搅拌均匀。

6. 待混合物变得黏稠之后，放入添加物和精油，搅拌均匀。

7. 转存到消毒好的容器中，贴上标签。

 Tip! 山金车浸泡油、黑胡椒油、薄荷油不要在怀孕初期使用。怀孕4个月后方可使用。

消除腿部浮肿的

山金车按摩油

怀孕期间，随着腹部的膨胀，血液循环会变差，尤其腿部容易出现浮肿，此时抬高双腿充分休息是一种有效的缓解方法。此外，还可以利用专门的消肿制品对腿部进行按摩。

 材料：

基础油： 金黄荷荷巴油50ml、山金车浸泡油50ml。
添加物： 维生素E1g。
精　油： 橙油10滴、葡萄柚油10滴。

 制作方法：

1. 用酒精将要使用的工具和容器进行消毒。

2. 量取适量基础油，倒入250ml玻璃杯中。

3. 加入维生素E和精油，搅拌均匀。

4. 转存到消毒好的容器中，贴上标签。

用于脚部按摩的

大麻籽按摩膏

怀孕初期，孕妇可以自主按摩脚部。随着腹部的隆起，弯腰会变得越来越吃力，后期只能向丈夫求助。此时如果配合使用草本植物膏的话，就能够加深按摩效果。

 材料：

油　层： 大麻籽油10g、甜杏仁油10g、杏籽油10g、橄榄乳化蜡7g。

水　层： 薰衣草水60g。

添加物： 透明质酸1g、神经酰胺1g、维生素E1g。

精　油： 薰衣草油10滴、茶树油10滴。

 制作方法：

1. 量取适量油层材料，放入250ml玻璃杯中。

2. 量取适量水层材料，放入100ml玻璃杯中。

3. 用加热器具分别对1和2进行加热。

4. 当两种材料温度达到70℃时，将水层缓缓倒入油层。

5. 同时利用刮铲和手提搅拌器搅拌均匀。

6. 待混合物变得黏稠之后，放入添加物和精油，搅拌均匀。

7. 转存到消毒好的容器中，贴上标签。

Chapter 3

让你保持
最佳状态的
身体护理

用于缓解孕吐的
薄荷喷雾剂

怀孕期间，孕妇时常会出现抑郁、困意突然来临、身体疲软无力等现象。还会经常因为孕吐，身体状态一落千丈。此时若使用薄荷喷雾剂，就能够使心情好转。沐浴之后喷在身体各个部位并轻轻拍打以易于吸收。

 材料：

花露水：薄荷水100ml。
精油&增溶剂：柠檬油10滴、橄榄液10滴。
添加物：黄瓜汁1勺。

 制作方法：

1. 量取适量精油和增溶剂，放入250ml玻璃杯中。

2. 加入薄荷水，搅拌均匀。

3. 加入黄瓜汁，搅拌均匀。

4. 转存到消毒好的喷雾容器中，即可使用。

缓解失眠症的
薰衣草身体乳液

吃得太撑，晚上睡觉时就容易翻来覆去，半夜会经常上洗手间，白天还时常陷入睡眠。尤其在临近预产期时，焦虑就会进一步加剧。此时，护肤乳液中散发出的香气可以有效缓解上述症状。

 材料：

油　层： 乳木果油10g、荷荷巴油20g、橄榄乳化蜡4g。
水　层： 薰衣草水63g。
添加物： 神经酰胺1g、维生素E1g、透明质酸1g。
精　油： 罗马洋甘菊油2滴、檀香油1滴、薰衣草油7滴。

 制作方法：

1. 量取适量油层材料，放入250ml玻璃杯中。

2. 量取适量水层材料，放入100ml玻璃杯中。

3. 用加热器具分别将1和2进行加热。

4. 当两种材料温度达到70℃时，将水层缓缓倒入油层。

5. 同时利用刮铲和手提搅拌器搅拌均匀。

6. 待混合物变得黏稠之后，放入添加物和精油，搅拌均匀。

7. 转存到消毒好的容器中，贴上标签。

舒缓颈部和肩部肌肉硬块的

桉树按摩油

怀孕期间，因为运动量较小，肩部和颈部经常会感到僵硬，整个身体便会感到不自在。这些症状一旦放任不管，便会进一步恶化，所以应及时通过按摩等方式消除。

 材料：

基础油： 金黄荷荷巴油50ml、杏籽油50ml。
添加物： 维生素E1g。
精　油： 罗马洋甘菊油15滴、薰衣草油15滴、桉树油10滴、薄荷油5滴。

 制作方法：

1. 用酒精将要使用的工具和容器进行消毒。

2. 量取适量基础油，放入250ml玻璃杯中。

3. 加入维生素E和精油，搅拌均匀。

4. 转存到消毒好的容器中，贴上标签。

 Tip! 薰衣草具有活化生理的功能，所以在怀孕4个月之前，最好不要添加薰衣草精油。薄荷油也最好在怀孕4个月之后使用。

能够缓解疲劳的
薰衣草沐浴盐

沐浴时在沐浴水中加入一些沐浴盐可以有效排除体内的废物和皮肤角质。另外，精油的香气和保湿效果可以使身体和心情格外舒畅。每周最好沐浴1 ~ 2次，每次15 ~ 20分钟，且水温要适中。

 材料：

基本材料： 死海盐（泻盐）500g。
精　油： 薰衣草油3ml、桉树油1ml。

 **制作方法：**

1. 量取适量死海盐，放入搅拌钵搅拌。

2. 加入精油并注意不得结块。

3. 转存到消毒好的容器中，贴上标签。

 Tip!

沐浴盐使用方法

1. 取一把左右沐浴盐放到沐浴水中，混合均匀。

2. 入浴浸泡15 ~ 20分钟。

3. 用沐浴露洗净身体，最后用温水冲洗。

排出体内毒素的
柠檬沐浴盐

该配方可让孕妇享受到清新的柠檬香。在温水中加入沐浴盐，安静地泡在水中闭目静思，体内的毒素就会缓缓被排出，疲劳也会随之消去。此外，情绪也会明显好转，使怀孕过程变得更加有趣。

 材料：

基本材料： 死海盐（泻盐）500g。
精　油： 柠檬油3ml、天竺葵油1ml。

 制作方法：

1. 量取适量死海盐，放入搅拌钵搅拌。

2. 加入精油并注意不得结块。

3. 转存到消毒好的容器中，贴上标签。

无刺激地消除汗味的

苦橙叶沐浴露

怀孕期间，孕妇的身体会产生大量的热量，就算平时不常流汗的人也会因体质发生变化，比平时流的汗更多。此时如果使用能够有效去除汗味的沐浴露，用温水洗个澡，就可以维持愉快的心情。

材料：

白糖溶液： 白糖54g、用于溶解白糖的蒸馏水324g。
苛性钾溶液： 苛性钾（纯度95%）132g、用于溶解苛性钾的蒸馏水132g。
基础油： 天然椰子油300g、乳木果油50g、荷荷巴油100g、蓖麻子油150g。
花露水： 与沐浴膏等量的橙花水。
添加物： 每100ml沐浴露加入1ml尿囊素。
精　油： 每100ml沐浴露加入茶树油10滴、苦橙叶油10滴。

 制作方法：

1. 在煮沸的蒸馏水中加入白糖，待下次使用之前密封保管好。将苛性钾溶于蒸馏水。

2. 将基础油加热至75℃~80℃，加入苛性钾溶液。此时应尽量使混合物多呈现Trace状态。

3. 将1中的白糖溶液加热至70℃~80℃，将肥皂液倒入其中。一天之后用中火加热肥皂液，并加入蒸馏水（花露水）进行稀释。加入蒸馏水（花露水）时要先倒入半杯左右，随后再慢慢调节浓度。

4. 用pH试纸测定酸碱度使其小于9，如果pH值大于10，则需要加入中和剂进行中和。

5. 加入精油、保存剂、色素等希望加入的添加物。

6. 将完成的沐浴露转存到漂亮的容器。

有效治疗孕妇痔疮的
金盏花软膏

有些孕妇可能会有孕吐严重、便秘、生产过程中出现痔疮等现象。痔疮可能会引发疼痛或出血，因此平时就要格外留意并预防。治疗痔疮最好的办法是坐浴，可使用专门的软膏缓解疼痛。

 材料：

植物油： 乳木果油10g、金盏花浸泡油10g。
乳化剂： 天然蜂蜡2g。
添加物： 维生素E1ml。
精　油： 天竺葵油6滴、柏树油2滴。

 制作方法：

1. 用酒精将要使用的工具和容器进行消毒。

2. 量取适量乳木果油、金盏花浸泡油、天然蜂蜡，放入50ml玻璃杯中。

3. 将玻璃杯放在加热器具上加热，使材料融解。

4. 冷却一段时间后加入维生素E和精油，搅拌均匀。

5. 转存到消毒好的容器中，贴上标签。

Chapter 4

给分娩带来
自信的
天然入浴剂

有助于自然分娩的
橄榄按摩油

随着预产期临近，孕妇的心理负担会越来越大，有时还会伴随有焦虑和失眠的情况。此时可以通过温柔按摩来稳定情绪。

材料：

基础油： 荷荷巴油50ml、纯橄榄油20ml、甜杏仁油30ml。
添加物： 维生素E1g。
精　油： 橙花油5滴、薰衣草油10滴。

制作方法：

1. 用酒精将要使用的工具和容器进行消毒。

2. 量取适量基础油，放入250ml玻璃杯中。

3. 加入维生素E和精油，搅拌均匀。

4. 转存到消毒好的容器中，贴上标签。

为舒适的分娩准备的天然
薰衣草按摩油

随着预产期的临近，孕妇时常会出现肚子痛的错觉，心情会变得格外焦躁。此时若对腹部进行轻微按摩就可以稳定情绪，而使用对孕妇和胎儿都有益的按摩油可以达到事半功倍的效果。

 材料：

基础油： 荷荷巴油70ml、纯橄榄油30ml。

添加物： 维生素E1g。

精　油： 薰衣草油（塔斯马尼亚产）38滴、檀香油2滴。

 制作方法：

1. 用酒精将要使用的工具和容器进行消毒。

2. 量取适量基础油，放入250ml玻璃杯中。

3. 加入维生素E和精油，搅拌均匀。

4. 转存到消毒好的容器中，贴上标签。

 Tip！　　怀孕前4个月最好不要添加薰衣草精油。

缓解分娩焦虑的

玫瑰沐浴盐

心情焦虑或抑郁时，洗澡是很好的解决办法。在浴缸中填满温水，加入一些沐浴盐，浸泡在其中会感觉心情格外舒畅。不过浸泡时间太长的话就可能引发头晕目眩等症状，所以应尽量保持在20分钟以内。

 材料：

基本材料： 死海盐（泻盐）500g。
精　油： 快乐鼠尾草油1ml、玫瑰油10滴。

 制作方法：

1. 用酒精将要使用的工具和容器进行消毒。
2. 量取适量死海盐，放入搅拌钵。
3. 加入精油并搅拌均匀，避免产生结块。
4. 转存到消毒好的容器中，贴上标签。

 Tip!　　　生产前期出现阵痛时便可使用。

缓解产前紧张情绪的
薰衣草沐浴盐

如果孕妇产前紧张的话，也会将胎儿陷入不安之中。只有妈妈在分娩时拥有足够的自信，才能让婴儿舒适地来到这个世界。可以试试通过温暖舒适的沐浴缓解紧张的情绪。

 材料：

基本材料： 死海盐（泻盐）500g。
精　油： 薰衣草油3ml、罗马洋甘菊油1ml。

 制作方法：

1. 用酒精将要使用的工具和容器进行消毒。
2. 量取适量死海盐，放入搅拌钵。
3. 加入精油并搅拌均匀，避免产生结块。
4. 转存到消毒好的容器中，贴上标签。

缓解假产痛症的
甘菊沐浴盐

临近预产期时，假临产症状就会频繁出现。即便去医院检查也不会有太好的解决方法。这时在家通过深呼吸和舒适地沐浴可以起到缓解作用，而选取合适的沐浴盐可以使孕妇顺利摆脱疼痛。

 材料：

基本材料： 死海盐（泻盐）500g。
精　油： 黑胡椒油1ml、快乐鼠尾草油1ml、罗马洋甘菊油1ml。

制作方法：

1. 用酒精将要使用的工具和容器进行消毒。

2. 量取适量死海盐，放入搅拌钵。

3. 加入精油并搅拌均匀，避免产生结块。

4. 转存到消毒好的容器中，贴上标签。

Chapter 5

预防妊娠
过程中发质损伤的
头发护理

恢复受损发质的
乳香洗发露

怀孕过程中，孕妇的发质会变得干燥粗糙。而且产后非常容易出现脱发现象，所以在怀孕期间做好对头发的护理是相当重要的。怀孕期间应当尽量避免烫发和使用吹风机，护发品也最好使用天然制品。

材料：

白糖溶液： 白糖54g、用于溶解白糖的蒸馏水324g。

苛性钾溶液： 苛性钾（纯度97%）141g、用于溶解苛性钾的蒸馏水141g。

基础油： 天然椰子油300g、乳木果油50g、茶花油100g、大麻籽油50g、蓖麻子油100g。

花露水： 与洗发膏等量的迷迭香水。

添加物： 每100ml洗发露取1ml墨西哥辣椒萃取物。

精　油： 每100ml洗发露取广藿香油5滴、依兰油5滴、乳香油10滴。

制作方法：

1. 在煮沸的蒸馏水中加入白糖，待下次使用之前密封保管好。将苛性钾溶于蒸馏水中。

2. 将基础油加热至75℃~80℃，加入苛性钾溶液。此时应尽量使混合物呈现Trace状态。

3. 将1中的白糖溶液加热至70℃~80℃，将肥皂液倒入其中。一天之后用中火加热肥皂液，并加入蒸馏水（花露水）进行稀释。加入蒸馏水（花露水）时要先倒入半杯左右，随后再慢慢调节浓度。

4. 用pH试纸测定酸碱度使其小于9，如果pH值大于10，则需要加入中和剂进行中和。

5. 加入精油、保存剂、色素等希望加入的添加物。

6. 将完成的洗发露转存到漂亮的容器中。

使头发光亮的
依兰护发素

怀孕期间，为了给干燥粗糙的头发提供营养，赋予弹性和水分，就需使用天然护发素。怀孕期间对护发素的使用需要分为若干个阶段，虽然有些麻烦，但只有预先保养好发质，日后才不会后悔。

 材料：

基本材料： 柠檬酸50g。
花露水： 依兰水200g。
添加物： 甘油10g。
精油&增溶剂： 依兰油5滴、橄榄液10滴、檀香油1滴、橙油4滴。

 制作方法：

1. 量取适量依兰水，放入500ml玻璃杯中。

2. 加入柠檬酸，搅拌均匀。

3. 将精油和增溶剂放入另一个500ml玻璃杯中，搅拌均匀。

4. 将2倒入3中，搅拌均匀。

5. 加入甘油，搅拌均匀。

6. 转存到消毒好的容器中，贴上标签。

有效治疗脂溢性头皮的
茶树喷雾剂

患有脂溢性头皮的孕妇头发经常会很油腻并感到瘙痒或疼痛，因怀孕期间无法擅自使用相关治疗药品，所以只能通过天然按摩进行治疗。利用喷雾剂轻轻按摩，不仅有益于健康，还可以使心情好转。

 材料：

花露水： 茶树水85ml。
添加物： 神经酰胺5g、丝兰提取物5g、荷荷巴油3g。
增溶剂： 橄榄液3g。
精　油： 茶树油10滴、薰衣草油5滴、柠檬油5滴。

 制作方法：

1. 量取适量橄榄液、精油和荷荷巴油，放入250ml玻璃杯中。

2. 加入茶树水，用勺子搅拌均匀。

3. 加入其余添加物，搅拌均匀。

4. 转存到消毒好的容器中，贴上标签。

 Tip！ **茶树喷雾剂的使用方法**

将喷雾剂装入喷雾容器中，喷向头皮并均匀按摩。因其含油量较少，按摩完成后只要头皮一干，就可以入睡。

使毛发更加健康的
鳄梨包头发膏

因怀孕变得干燥粗糙的发质可通过充满养分的包头发膏来进行护理和修复。鳄梨包头发膏可以为头发带来天然的营养，打造出弹性十足的健康发质。

 材料：

基础油： 鳄梨油10g、天然椰子油10g、纯橄榄油10g。
添加物： 维生素E1g、芦荟啫喱50g、角蛋白10g、丝氨基酸10g。
精　油： 依兰油5滴、广藿香油5滴、柑橘油10滴、柠檬油20滴。

 制作方法：

1. 量取适量基础油，放入250ml玻璃杯中。

2. 加入芦荟啫喱，用加热器具进行加热，待天然椰子油融化时，用手提搅拌器进行搅拌。

3. 加入其余添加物和精油，用手提搅拌器搅拌。

4. 转存到消毒好的容器中，贴上标签。

 Tip!　包头发膏使用方法

洗发后用毛巾大致擦拭，随后将包头发膏均匀涂抹在头发上，在常温下静候20分钟或用热毛巾包裹。然后冲洗一遍，最后使用护发素。

孕妇选择花茶的方法

大部分花茶可以稳定情绪，促进血液循环，消除便秘，改善身体状况。尤其可以缓解怀孕初期的孕吐症状，预防贫血，稳定怀孕导致的焦躁、不安等情绪。然而，每一种花茶所具有的功效都不同，因此怀孕期间需要慎重地选择。

薰衣草

消除精神压力和紧张情绪，可有效治疗失眠。怀孕期间不可过量饮用。

迷迭香

去除身心疲劳，活化大脑，增强记忆力，提高注意力。怀孕期间不可过量饮用。

玫瑰果

富含维生素C，可缓解眼部疲劳、便秘、痛经等症状。中暑、感冒、怀孕期间适合作为辅助营养来摄入。

甘菊

具有强化子宫的功效，因此适合产后饮用。此外，甘菊还有助于消除精神上压力和疲劳。

茴香

怀孕期间不可饮用。产后可用于刺激母乳分泌，帮助母乳喂养。

薄荷

薄荷是一种给人产生清爽感的草本植物，可有效缓解孕吐等症状，但怀孕期间不可经常饮用。

木槿

一种泛红的花茶，苦味较强，因此可配合蜂蜜和白糖饮用。可有效治疗喉咙痛、感冒和便秘等。

蜜蜂花

可提神醒脑，增强记忆力。有效治疗抑郁症，缓解神经性头痛。

紫罗兰

一种泛蓝的花茶，对痤疮和便秘等有疗效。

part 3

为产后妈妈
准备的
天然护理

Chapter 1

恢复孕前弹力的面部护理

为身心俱疲的产妇准备的

甘菊温和润肤水

孕妇在产后无疑会处在一种身心俱疲的状态。这种情况下，就算选化妆品也要选择那种毫无刺激和温和的产品。以甘菊水为基础的该配方没有任何刺激，可适用于所有产妇。

 材料：

花露水： 甘菊水 90ml。

添加物： 神经酰胺 10g、尿囊素 1g。

精油 & 增溶剂： 罗马洋甘菊油 2 滴、橄榄液 5 滴、葡萄柚油 3 滴。

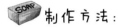 **制作方法：**

1. 用酒精将要使用的工具和容器进行消毒。

2. 量取适量精油和增溶剂，放入 250ml 玻璃杯中。

3. 加入甘菊水，搅拌均匀。

4. 加入添加物，搅拌均匀。

5. 转存到消毒好的容器中，贴上标签。

稳定产妇身体和情绪的

薰衣草温和润肤露

薰衣草具有稳定身心的功效。如果用在产妇的润肤露中，可为产后憔悴的皮肤带来活力，活用性很高。

 材料：

油　层： 乳木果油7g、摩洛哥坚果油5g、鳄梨油3g、橄榄乳化蜡5g。

水　层： 薰衣草水70g。

添加物： 透明质酸5g、神经酰胺5g、尿囊素1g、维生素E1g。

精　油： 薰衣草油5滴、野姜花高纯度提取物2滴。

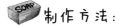 **制作方法：**

1. 量取适量油层材料，放入250ml玻璃杯中。

2. 量取适量水层材料，放入100ml玻璃杯中。

3. 用加热器具分别对1和2进行加热。

4. 当两种材料温度达到70℃时，将水层缓缓倒入油层。

5. 同时利用刮铲和手提搅拌器搅拌均匀。

6. 待混合物变得黏稠之后，放入添加物和精油，搅拌均匀。

7. 转存到消毒好的容器中，贴上标签。

为产妇粗糙的皮肤赋予水分的

莲花保湿膏

该配方如果与薰衣草润肤露配合使用，便能得到奇效，丧失水分变得粗糙不堪的皮肤便可以迅速恢复润泽。该配方是针对产后的妈妈们制成的，所以不会有任何刺激。

 材料：

油　层： 乳木果油15g、莲花油10g、橄榄乳化蜡5g。
水　层： 薰衣草水40g。
添加物： 芦荟啫喱20g、神经酰胺5g、甘油5g。
精　油： 薰衣草油4滴、纯净蓝莲花油2滴。

 制作方法：

1. 量取适量油层材料，放入250ml玻璃杯中。

2. 量取适量水层材料，放入100ml玻璃杯中。

3. 用加热器具分别对1和2进行加热。

4. 当两种材料温度达到70℃时，将水层缓缓倒入油层。

5. 同时利用刮铲和手提搅拌器搅拌均匀。

6. 待混合物变得黏稠之后，放入添加物和精油，搅拌均匀。

7. 转存到消毒好的容器中，贴上标签。

消除怀孕型色素沉淀的
玫瑰美白膏

如果因怀孕导致面部出现大量雀斑和黑痣，就需要采取应急措施。此时可以使用植物美白剂和熊果苷等功能性添加物，使美白效果达到最大化。

 材料：

油　层： 天然玫瑰籽油20g、绿茶籽油5g、橄榄乳化蜡7g。
水　层： 玫瑰水50g、桑白皮萃取物5g。
添加物： 神经酰胺10g、熊果苷1g、植物美白剂1g。
精　油： 玫瑰油5滴、迷迭香油3滴、天竺葵油2滴。

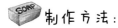 **制作方法：**

1. 量取适量油层材料，放入250ml玻璃杯中。

2. 量取适量水层材料，放入100ml玻璃杯中。

3. 用加热器具分别对1和2进行加热。

4. 当两种材料温度达到70℃时，将水层缓缓倒入油层。

5. 同时利用刮铲和手提搅拌器搅拌均匀。

6. 待混合物变得黏稠之后，放入添加物和精油，搅拌均匀。

7. 转存到消毒好的容器中，贴上标签。

打造标准瓜子脸的
辅酶弹力精华

产后的身体肯定与之前截然不同。浑身上下的肌肉和皮肤容易失去弹性，因此需要找回弹性。可以试一试能够帮助肌肤找回弹性、打造标准瓜子脸的弹力精华。

 材料：

基本材料： 芦荟啫喱40g。
花露水： 玫瑰水20g。
植物油： 摩洛哥坚果油5g。
添加物： 胶原蛋白10g、弹性蛋白5g、神经酰胺15g、EGF1g、辅酶Q101g。
精　油： 玫瑰油1滴、快乐鼠尾草油3滴、乳香油2滴。

 制作方法：

1. 用酒精将要使用的工具和容器进行消毒。

2. 量取适当量芦荟啫喱、玫瑰水和摩洛哥坚果油，放入250ml玻璃杯中。

3. 加入添加物和精油，用手提搅拌器搅拌均匀。

4. 转存到消毒好的容器中，贴上标签。

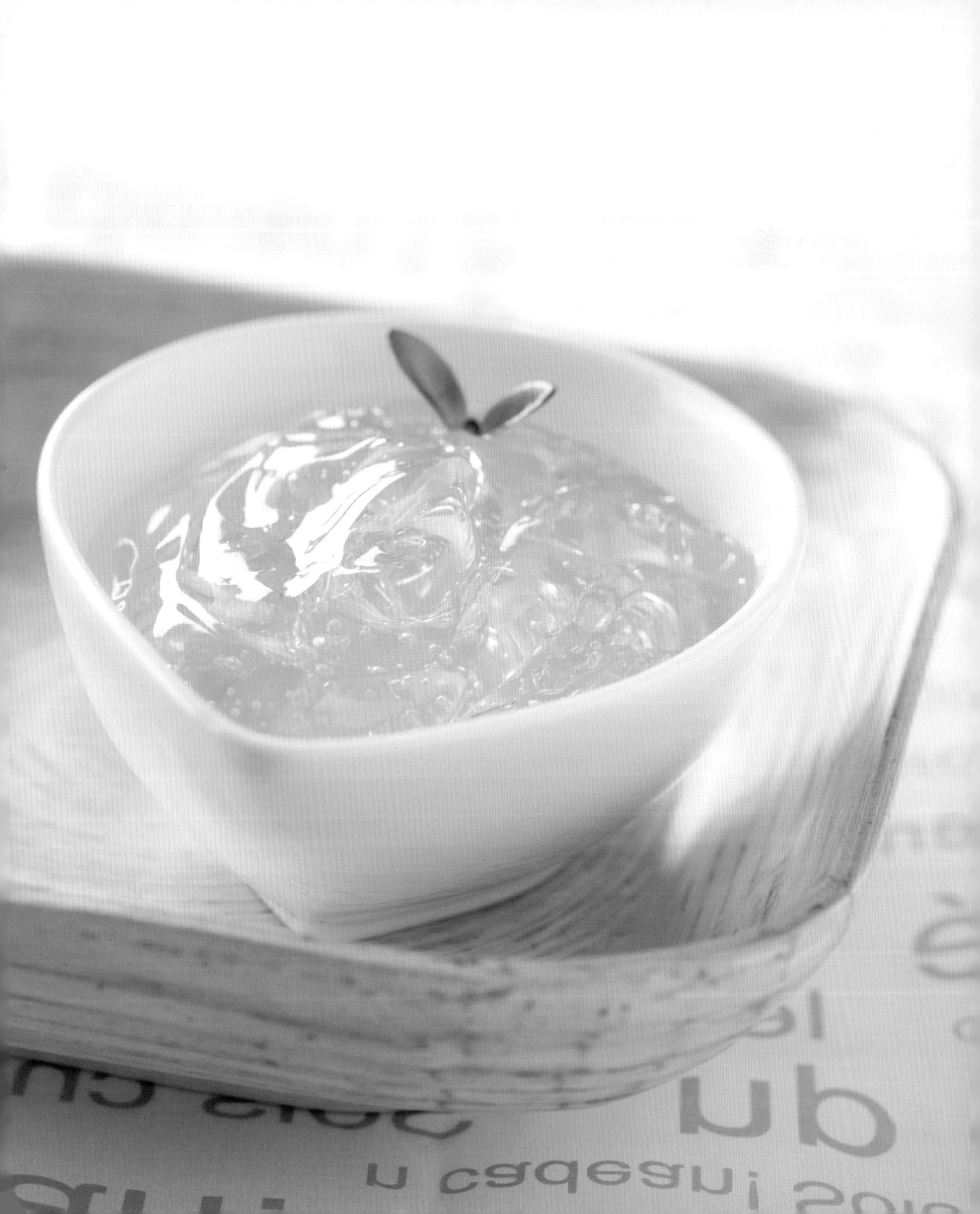

打造透明肌肤的
金盏花保湿面膜

如果单纯依靠基本的化妆品无法得到满意结果，就可以试试面膜。面膜可以在短时间内为皮肤提供水分和营养，所以每个星期使用一两次就能得到较好的恢复效果。

 ## 材料：

基本材料： 芦荟啫喱70g。
植物油： 金盏花油10g。
添加物： 神经酰胺10g、透明质酸10g、保湿酊10g、尿囊素1g。
精　油： 薰衣草油5滴、罗马洋甘菊油5滴、菩提花油2滴。

 ## 制作方法：

1. 用酒精将要使用的工具和容器进行消毒。
2. 量取适量芦荟啫喱，放入250ml玻璃杯中。
3. 加入添加物和精油，用手提搅拌器搅拌均匀。
4. 加入金盏花油，搅拌时注意避免产生结块。
5. 转存到消毒好的容器中，贴上标签。

 Tip!　洗面之后擦上润肤水，适当涂抹面膜，轻轻按摩3～5分钟。5分钟之后用温水洗净即可。

使肌肤容光焕发的
甘草按摩面膜

芦荟美白效果出色，对皮肤的副作用较小，可消除怀孕引起的色素沉淀。尤其作为面膜使用时，能够在短时间内使肌肤重新恢复光泽，还可以治疗产后抑郁症。

 材料：

基本材料： 芦荟啫喱70g。

添加物： 神经酰胺10g、透明质酸10g、熊果苷1g、维生素C粉末1g、甘草萃取物10g。

精　油： 乳香油5滴、天竺葵油5滴、橙油10滴。

 制作方法：

1. 用酒精将要使用的工具和容器进行消毒。

2. 量取适量芦荟啫喱，放入250ml玻璃杯中。

3. 加入添加物和精油，用手提搅拌器搅拌均匀。

4. 转存到消毒好的容器中，贴上标签。

 Tip! 洗面之后擦上润肤水，适当涂抹面膜，轻轻按摩3~5分钟，5分钟之后用温水洗净即可。

为产后干燥嘴唇准备的
乳木果唇膏

分娩和育儿会导致产妇睡眠不足，疲劳累积，嘴唇也会变得干燥粗糙。嘴唇上的肌肤只要损坏，就很难恢复，所以最好事先加以保养。只靠一个唇膏就能够有效预防嘴唇干裂。

 材料：

基本材料： 乳木果油20g。
乳化剂： 天然蜂蜡5g。
植物油： 荷荷巴油5g、琼崖海棠油15g。
添加物： 维生素E1g。
精　油： 葡萄柚油3滴。

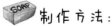 **制作方法：**

1. 用酒精将要使用的工具和容器进行消毒。

2. 量取适量乳木果油、植物油，放入100ml玻璃杯中。

3. 加入天然蜂蜡，用加热器具进行加热。

4. 完全融化后，静置冷却一段时间，加入维生素E和精油，搅拌均匀。

5. 转存到消毒好的容器中，贴上标签。

Chapter 2

去除怀孕残留
痕迹的腹部
& 下体护理

让你重新找回年轻腹部的

玫瑰果籽弹力油

产后失去皮肤弹性的腹部是产妇们最大的烦恼。若想使腹部恢复到与产前相同的状态，就需要投入很多的努力。然而，产后最重要的问题当属恢复健康，所以只能先忍耐一下用一用弹力油。

 材料:

基础油: 玫瑰籽油30ml、摩洛哥坚果油60ml、麦胚油10ml。
添加物: 维生素E1g。
精　油: 玫瑰油4滴、乳香油10滴、天竺葵油10滴。

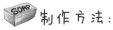 **制作方法:**

1. 用酒精将要使用的工具和容器进行消毒。

2. 量取适量基础油，放入250ml玻璃杯中。

3. 加入维生素E和精油，搅拌均匀。

4. 转存到消毒好的容器中，贴上标签。

有效去除妊娠纹的
橘子美白膏

怀孕期间，肚脐周围可能会出现长长的妊娠纹。这种黑色的斑纹会在产后慢慢消失，但如果能坚持用美白膏，就可以更早地恢复洁净的肌肤。

 材料：

油　层： 绿茶籽油15g、乳木果油10g、橄榄乳化蜡7g。
水　层： 薰衣草花露水50g、桑白皮萃取物5g。
添加物： 熊果苷1g、植物美白剂1g、透明质酸10g。
精　油： 橙油10滴、橘子油10滴、柠檬油20滴。

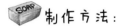 **制作方法：**

1. 量取适量油层材料，放入250ml玻璃杯中。

2. 量取适量水层材料，放入100ml玻璃杯中。

3. 用加热器具分别对1和2进行加热。

4. 当两种材料温度达到70℃时，将水层缓缓倒入油层。

5. 同时利用刮铲和手提搅拌器搅拌均匀。

6. 待混合物变得黏稠之后，放入添加物和精油，搅拌均匀。

7. 转存到消毒好的容器中，贴上标签。

缓解下腹部膨胀纹的

防皱膏

怀孕期间，腹部、大腿、臀部、胸部、肩部等会出现膨胀纹。尤其当下腹部的膨胀纹在产后也不大容易变小时就成了无数产妇的心头之恨。然而，使用防皱膏可以或多或少地缓解该部位的膨胀纹。

 材料：

油 层： 乳木果油10g、天然玫瑰籽油10g、摩洛哥坚果油10g、橄榄乳化蜡7g。

水 层： 薰衣草花露水50g、桑白皮萃取物5g。

添加物： 熊果苷1g、植物美白剂1g、神经酰胺10g。

精 油： 柑橘油20滴、橘子油10滴、橙花油10滴。

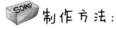 **制作方法：**

1. 量取适量油层材料，放入250ml玻璃杯中。

2. 量取适量水层材料，放入100ml玻璃杯中。

3. 用加热器具分别对1和2进行加热。

4. 当两种材料温度达到70℃时，将水层缓缓倒入油层。

5. 同时利用刮铲和手提搅拌器搅拌均匀。

6. 待混合物变得黏稠之后，放入添加物和精油，搅拌均匀。

7. 转存到消毒好的容器中，贴上标签。

抽出脂肪，留下水分的

排毒润肤膏

如果使用具有减肥效果的润肤膏，就可以在分解脂肪的同时保持水分。该润肤膏配方就是专门为那些短时间内体重急剧增长、皮肤变得凹凸不平的孕妇们准备的。

 材料：

油　层： 特级初榨橄榄油15g、乳木果油10g、金黄荷荷巴油5g、橄榄乳化蜡6g。
水　层： 芦荟水50g。
添加物： 芦荟啫喱10g、透明质酸5g。
精　油： 柏树油15滴、迷迭香油10滴、杜松籽油15滴。

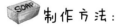 **制作方法：**

1. 量取适量油层材料，放入250ml玻璃杯中。

2. 量取适量水层材料，放入100ml玻璃杯中。

3. 用加热器具分别对1和2进行加热。

4. 当两种材料温度达到70℃时，将水层缓缓倒入油层。

5. 同时利用刮铲和手提搅拌器搅拌均匀。

6. 待混合物变得黏稠之后，放入添加物和精油，搅拌均匀。

7. 转存到消毒好的容器中，贴上标签。

解决下体肥胖的

消脂啫喱

孕妇在产后会发现浑身上下多了很多产前没有注意到的脂肪团，并同时伴有大腿皮肤过敏等问题。此时可以试一试用专门的消脂产品轻轻按摩。

 材料：

水　层： 芦荟啫喱80g。

油　层： 绿茶籽油10g。

添加物： 丝氨基酸5g、神经酰胺5g、辅酶Q101g。

精　油： 杜松籽油15滴、柏树油15滴、葡萄柚油30滴。

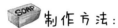 **制作方法：**

1. 用酒精将要使用的工具和容器进行消毒。

2. 量取适量芦荟啫喱和绿茶籽油，放入250ml玻璃杯中。

3. 加入添加物和精油，用手提搅拌器搅拌均匀。

4. 转存到消毒好的容器中，贴上标签。

柔和地疏散大腿脂肪的

杜松子按摩啫喱

如果你的烦恼是大腿粗壮，就可以试一试能够疏散皮下脂肪并使其排出体外的按摩啫喱。每天沐浴之后用该配方对大腿部进行按摩，不知不觉间就能发现大腿变得格外光滑了。

 材料：

基本材料：芦荟啫喱80g。
添加物：神经酰胺10g、透明质酸10g。
精　油：葡萄柚油20滴、杜松籽油20滴、柏树油20滴。

 制作方法：

1. 用酒精将要使用的工具和容器进行消毒。
2. 量取适量芦荟啫喱和添加物，放入250ml玻璃杯中。
3. 加入精油，搅拌均匀。
4. 转存到消毒好的容器中，贴上标签。

Chapter 3

让人身心
愉快的
身体护理

抗衰老效果出众的
玫瑰润肤露

玫瑰润肤露可以促进皮肤再生，重还皮肤年轻态，可以使产后弹性下降的全身皮肤较快地恢复到之前的状态。若想拥有光滑的肌肤，就应该从产后就开始进行积极保养。

 材料：

油 层： 月见草油10g、天然玫瑰籽油10g、摩洛哥坚果油5g、橄榄乳化蜡5g。
水 层： 玫瑰水50g。
添加物： EGF1g、辅酶Q101g、胶原蛋白10g、甘油3g、神经酰胺5g、维生素E1g。
精 油： 紫檀油4滴、天竺葵油8滴、玫瑰油（5%）12滴。

 制作方法：

1. 量取适量油层材料，放入250ml玻璃杯中。

2. 量取适量水层材料，放入100ml玻璃杯中。

3. 用加热器具分别对1和2进行加热。

4. 当两种材料温度达到70℃时，将水层缓缓倒入油层。

5. 同时利用刮铲和手提搅拌器搅拌均匀。

6. 待混合物变得黏稠之后，放入添加物和精油，搅拌均匀。

7. 转存到消毒好的容器中，贴上标签。

有效治疗产后抑郁症的
薰衣草润肤露

薰衣草具有放松心情、促进睡眠等功效。有些产妇会在产后饱受抑郁症的困扰，而沐浴之后使用薰衣草润肤露就会得到较好的改善。由于薰衣草润肤露还具有治疗失眠的功效，晚上使用效果更佳。

 材料：

油　层： 摩洛哥坚果油12g、绿茶籽油8g、杏仁油7g、橄榄乳化蜡5g。
水　层： 薰衣草水65g。
添加物： 神经酰胺5g、透明质酸5g、维生素E1g。
精　油： 茉莉花油1滴、薰衣草油15滴、快乐鼠尾草油8滴。

制作方法：

1. 量取适量油层材料，放入250ml玻璃杯中。

2. 量取适量水层材料，放入100ml玻璃杯中。

3. 用加热器具分别对1和2进行加热。

4. 当两种材料温度达到70℃时，将水层缓缓倒入油层。

5. 同时利用刮铲和手提搅拌器搅拌均匀。

6. 待混合物变得黏稠之后，放入添加物和精油，搅拌均匀。

7. 转存到消毒好的容器中，贴上标签。

可稳定情绪的
茉莉花润肤露

孕妇在产后可能会患上产后抑郁症。此时，最重要的是强烈认同自己作为妈妈的身份，努力调节情绪。使用具有多种功效的天然材料，就可以有一定帮助。

 材料：

油　层： 月见草油12g、金黄荷荷巴油10g、橄榄乳化蜡3g。
水　层： 茉莉花水60g。
添加物： 神经酰胺10g、芦荟啫喱5g。
精　油： 茉莉花油1滴、柑橘油15滴、檀香油2滴。

 制作方法：

1. 量取适量油层材料，放入250ml玻璃杯中。

2. 量取适量水层材料，放入100ml玻璃杯中。

3. 用加热器具分别对1和2进行加热。

4. 当两种材料温度达到70℃时，将水层缓缓倒入油层。

5. 同时利用刮铲和手提搅拌器搅拌均匀。

6. 待混合物变得黏稠之后，放入添加物和精油，搅拌均匀。

7. 转存到消毒好的容器中，贴上标签。

弹力、保湿，双手抓的
摩洛哥坚果油润肤膏

孕妇在产后不仅要经历漫长的身体恢复过程，还要照看婴儿，很容易就忽视了肌肤的保养。但是，耽搁的时间越长，肌肤就越不容易恢复。下面介绍一个可以为因干燥而失去弹力的肌肤注入活力的配方。

 材料：

油　层： 摩洛哥坚果油10g、荷荷巴油10g、澳洲胡桃油10g、橄榄乳化蜡6g。
水　层： 玫瑰花露水45g。
添加物： EGF2g、神经酰胺10g、胶原蛋白10g。
精　油： 天竺葵油5滴、紫檀油7滴、玫瑰油8滴。

 制作方法：

1. 量取适量油层材料，放入250ml玻璃杯中。

2. 量取适量水层材料，放入100ml玻璃杯中。

3. 用加热器具分别对1和2进行加热。

4. 当两种材料温度达到70℃时，将水层缓缓倒入油层。

5. 同时利用刮铲和手提搅拌器搅拌均匀。

6. 待混合物变得黏稠之后，放入添加物和精油，搅拌均匀。

7. 转存到消毒好的容器中，贴上标签。

提高皮肤保湿力和柔软性的

月见草按摩油

单纯靠轻微的按摩，就能够感受到皮肤已变得格外湿润和柔软。
这种按摩油制作起来很简单，而且效果奇好，不仅适用于产妇，
普通人因家务或工作感到疲惫不堪时也可以试一试。

 材料:

基础油: 月见草油60ml、荷荷巴油30ml、麦胚油10ml。
精　油: 快乐鼠尾草油10滴、橙花油10滴、柑橘油10滴、葡萄柚油10滴。

 制作方法:

1. 用酒精将要使用的工具和容器进行消毒。
2. 量取适量基础油材料，放入250ml玻璃杯中。
3. 加入精油，搅拌均匀。
4. 转存到消毒好的容器中，贴上标签。

缓解痛经加重的
快乐鼠尾草按摩油

没有经历过痛经的人是绝对不可能理解做女人有多难的。有些妇女会在产后突然出现之前没有过的痛经现象。痛经严重时，对腰部、腹部和胯部进行按摩的话就可以得到一定缓解，下面介绍该配方。

 材料：

基础油：山金车浸泡油30ml、甜杏仁油20ml、荷荷巴油50ml。
添加物：维生素E1g。
精 油：柏树油15滴、快乐鼠尾草油20滴、罗马洋甘菊油10滴。

 制作方法：

1. 用酒精将要使用的工具和容器进行消毒。

2. 量取适量基础油材料，放入250ml玻璃杯中。

3. 加入维生素E和精油，搅拌均匀。

4. 转存到消毒好的容器中，贴上标签。

消除产后皮肤过敏的
鱼腥草按摩贴

怀孕和分娩可能会引发皮肤过敏问题，此时就需要用特殊的配方应对，即按摩贴。可以贴在全身，也可以贴在胳膊、胸部、大腿等症状比较严重的部位。

 材料:

基本材料: 绿泥30g、鱼腥草粉末10g、金盏花粉末10g。
花露水: 薰衣草花露水少许。
添加物: 透明质酸5g、神经酰胺5g、芦荟啫喱20g、尿囊素1g。
精 油: 茶树油10滴、薰衣草油10滴。

 制作方法:

1. 用酒精将要使用的工具和容器进行消毒。

2. 量取适量绿泥、金盏花粉末、鱼腥草粉末，放入250ml玻璃杯中。

3. 依次加入添加物和精油，搅拌均匀。

4. 加入适量薰衣草，保证浓度以满足贴膜的要求。

5. 转存到消毒好的容器中，贴上标签。

打造湿润肌肤，促进血液循环的

杏籽沐浴油

使用沐浴油的话，不需要额外的按摩就可以维持肌肤的湿润。沐浴之后，趁身上还有水气，用沐浴油轻轻按摩，最后用温水洗净即可。

 材料：

基础油：甜杏仁油90ml、杏籽油60ml。
增溶剂：橄榄液50ml。
精　油：迷迭香油40滴、姜油5滴、马郁兰油30滴。

 制作方法：

1. 用酒精将要使用的工具和容器进行消毒。

2. 量取适量基础油和橄榄液，放入250ml玻璃杯中。

3. 加入精油，搅拌均匀。

4. 转存到消毒好的容器中，贴上标签。

产后调理时去除汗味的

薄荷沐浴露

产后需要使身体时刻处于保暖状态，所以浑身上下都会出汗。而激素水平的急剧变化，会导致孕妇对汗味格外敏感，所以需要细心护理。天然沐浴露可以帮助产妇轻松去除汗味。

材料：

白糖溶液： 白糖54g、用于溶解白糖的蒸馏水324g。
苛性钾溶液： 苛性钾（纯度95％）142g、用于溶解苛性钾的蒸馏水142g。
基础油： 天然椰子油300g、蓖麻子油100g、绿茶籽油100g、橄榄油100g。
花露水： 与膏等量的薄荷水。
添加物： 每100ml沐浴露取3ml绿茶萃取物。
精　油： 每100ml沐浴露取10滴薄荷油、15滴柑橘油和10滴桉树油。

 制作方法：

1. 在煮沸的蒸馏水中加入白糖，待下次使用之前密封保管好。将苛性钾溶于蒸馏水中制成苛性钾溶液。

2. 将基础油加热至75℃~80℃，加入苛性钾溶液。此时应尽量使混合物呈现Trace状态。

3. 将1中的白糖溶液加热至70℃~80℃，将肥皂液倒入其中。

4. 一天之后用中火加热肥皂液，并加入蒸馏水（花露水）进行稀释。加入蒸馏水（花露水）时要先倒入半杯左右，随后再慢慢调节浓度。

5. 用pH试纸测定酸碱度使其小于9，如果pH值大于10，则需要加入中和剂进行中和。

6. 加入精油、保存剂、色素等希望加入的添加物。

7. 将完成的沐浴露转存到漂亮的容器中。

去除全身角质的
杏籽去角质剂

怀孕期间因为要控制沐浴次数，所以皮肤上很容易残留污垢。而浑身上下的角质会引发疲劳，使皮肤显得格外邋遢。沐浴时最好温柔地去除脚部、肘部和全身各个部位的角质。

 材料：

基本材料： 金盏花10g、杏籽粉末10g、白泥30g、氢氧化钠40g。
精　油： 薰衣草油10滴、橙花油5滴、橙油20滴、桉树油15滴。

制作方法：

1. 用酒精将要使用的工具和容器进行消毒。
2. 量取适量白泥、杏籽粉末和氢氧化钠，放入250ml玻璃杯中。
3. 加入精油和金盏花，搅拌均匀。
4. 转存到消毒好的容器中，贴上标签。

去除身体污垢的
红豆&芦荟去角质剂

红豆和芦荟是广为人知的去除皮肤污垢，使皮肤变得光亮的材料。沐浴时使用的话，不仅能够去除角质，还能使肌肤找回最初的光亮，使产妇心情舒畅。

 材料：

基本材料： 红豆粉末100g、芦荟啫喱100g、白泥5g。
精　油： 柠檬油2ml、葡萄柚油1ml、橙油1ml。

制作方法：

1. 用酒精将要使用的工具和容器进行消毒。

2. 将红豆粉末和白泥放入搅拌钵内，搅拌均匀。

3. 加入芦荟啫喱，搅拌时避免出现结块。

4. 加入精油，搅拌均匀。

5. 转存到消毒好的容器中，贴上标签。

使坐浴过程变得格外舒心的

香橙芳香盐

治疗肛门疾病的最佳方法无疑是坐浴，所以产后最好经常坐浴。
此时若使用某些高质量沐浴盐就会达到意想不到的效果，其中用
死海盐制成的芳香盐具有最佳功效。

 材料：

基本材料： 死海盐300g。
精　油： 橙油1ml、橙花油1ml。

 制作方法：

1. 用酒精将要使用的工具和容器进行消毒。

2. 将死海盐放入搅拌钵内，搅拌均匀。

3. 加入精油，搅拌时避免出现结块。

4. 转存到消毒好的容器内，贴上标签。

Chapter 4

治疗产后抑郁症的天然入浴剂

让精神压力烟消云散的
薄荷入浴剂

薄荷具有使人神清气爽的作用，薄荷不仅能够使人精神状态好转，还可以注入足够的活力以应对各种精神压力，所以最适合情绪低落时使用。

 材料：

基本材料： 碳酸氢钠200g、柠檬酸100g。
喷洒液： 薄荷水。
添加物： 薄荷花3g。
精　油： 薄荷油20滴、迷迭香油20滴、柠檬油20滴。

 制作方法：

1. 用酒精将要使用的工具和容器进行消毒。

2. 将柠檬酸和碳酸氢钠放入搅拌钵内。

3. 加入精油，搅拌时注意避免出现结块。

4. 喷洒薄荷水，尽量使入浴剂混合稠状物混合均匀。

5. 根据自己的意愿定型，用薄荷花（干花）加以装饰。

有益于转换心情的

依兰入浴剂

依兰是一种广受全世界女性爱戴的天然材料，也经常作为制作香水材料。如产妇患有产后抑郁症，就可以试一试以依兰为材料制作的入浴剂，心情会得到明显好转。要时刻铭记，小小的努力可能会造就巨大的变化。

 材料：

基本材料：碳酸氢钠200g、柠檬酸100g。
喷洒液：依兰水。
添加物：茉莉花3g。
精　油：依兰油15滴、玫瑰油5滴、快乐鼠尾草油20滴。

制作方法：

1. 用酒精将要使用的工具和容器进行消毒。

2. 将柠檬酸和碳酸氢钠放入搅拌钵内。

3. 加入精油搅拌，搅拌时注意避免出现结块。

4. 喷洒依兰水，尽量使入浴剂的混合稠状物混合均匀。

5. 根据自己的意愿定型，用茉莉花（干花）加以装饰。

提升沐浴品位的

玫瑰入浴剂

沐浴时可以使用一般的花瓣，但市面上的花瓣大多都是经过药品
处理的，所以可能具有一定危险。而利用精油和干花瓣制成的入
浴剂可以让产妇享受到更加优雅的香气和药理作用。

 材料：

基本材料： 柠檬酸100g、碳酸氢钠200g。
喷洒液： 玫瑰水。
添加物： 玫瑰花5g。
精　油： 玫瑰油3ml、快乐鼠尾草油1ml、乳香油1ml。

 制作方法：

1. 用酒精对要使用的工具和容器进行消毒。

2. 将柠檬酸和碳酸氢钠放入搅拌钵内。

3. 加入精油搅拌，搅拌时注意避免出现结块。

4. 喷洒玫瑰水，尽量使入浴剂混合稠状物混合均匀。

5. 根据自己的意愿定型，用玫瑰花（干花）加以装饰。

引导睡眠的
薰衣草入浴剂

薰衣草是沐浴用配方中经常使用到的天然材料。因其具有卓越的放松功效，制成干花作为装饰，不仅美观，还能缓解入浴时的紧张情绪。

 材料：

基本材料： 碳酸氢钠200g、柠檬酸100g。
喷洒液： 薰衣草水。
添加物： 薰衣草花3g。
精　油： 薰衣草油20滴、马郁兰油10滴、罗马洋甘菊油10滴。

 制作方法：

1. 用酒精将要使用的工具和容器进行消毒。

2. 将柠檬酸和碳酸氢钠放入搅拌钵内。

3. 加入精油搅拌，搅拌时注意避免出现结块。

4. 喷洒薰衣草水，尽量使入浴剂混合稠状物混合均匀。

5. 根据自己的意愿定型，用薰衣草花（干花）加以装饰。

有助于去除脂肪的
杜松子入浴剂

怀孕期间只要稍不注意，身体各个部位就会出现脂肪团。这些脂肪团如果不加以重视，日后就会变得更加难以去除。因此产后应当马上开始进行按摩，消除脂肪结块，早日摆脱多余脂肪带来的困扰。

 材料：

基本材料： 死海盐300g、绿泥50g、薄荷醇1g。
精　油： 杜松子油2ml、柏树油1ml、葡萄柚油3ml。

 制作方法：

1. 用酒精将要使用的工具和容器进行消毒。
2. 将死海盐、绿泥和薄荷醇放入搅拌钵内，搅拌均匀。
3. 加入精油搅拌，搅拌时注意避免产生结块。
4. 转存到消毒好的容器内，贴上标签。

 Tip!　向沐浴头中加入一把沐浴盐，入浴15～20分钟。进入浴缸前最好先将脂肪团较多的部位轻轻按摩。

找回轻盈身躯的

降脂入浴剂

如果能在洗浴时享受分解脂肪带来的快感同时还能享受怡人的香气，就太完美了。该配方可以消除身体的僵硬感，仿佛整个身体变得格外轻盈。

 材料：

基本材料： 碳酸氢钠200g、柠檬酸100g、死海盐100g。
喷洒液： 金缕梅水。
精　油： 柏树油2ml、杜松子油2ml、天竺葵油1ml。

 制作方法：

1. 用酒精将要使用的工具和容器进行消毒。

2. 将柠檬酸和碳酸氢钠放入搅拌钵内。

3. 加入精油搅拌，搅拌时注意避免出现结块。

4. 喷洒金缕梅水，尽量使入浴剂混合稠状物混合均匀。

5. 根据自己的意愿定型，用死海盐加以装饰。

促进生理机能的

快乐鼠尾草入浴剂

快乐鼠尾草具有促进生理机能的效果，非常适合产后使用。尤其作为入浴剂时，可以通过温暖的水将功效传递给身体的每一个部位，产生放松心情的效果。

 材料：

基本材料： 碳酸氢钠200g、柠檬酸100g。
喷洒液： 薰衣草水。
添加物： 薰衣草花。
精　油： 薰衣草油3ml、快乐鼠尾草油1ml、杜松子油10滴。

 **制作方法：**

1. 用酒精将要使用的工具和容器进行消毒。

2. 将柠檬酸和碳酸氢钠放入搅拌钵内。

3. 加入精油搅拌，搅拌时注意避免出现结块。

4. 喷洒薰衣草水，尽量使入浴剂混合稠状物混合均匀。

5. 根据自己的意愿定型，用薰衣草花（干花）加以装饰。

Chapter 5

稳固敏感发质
的头发护理

具有放松心情功效的低刺激

薰衣草洗发露

下面介绍一个既能柔顺发质，又能放松心情的洗发露配方。薰衣草具有温和的香气，同时可以缓解头痛，用在头发护理上再适合不过了。

材料：

白糖溶液： 白糖54g、用于溶解白糖的蒸馏水324g。

苛性钾溶液： 苛性钾（纯度97%）141g、用于溶解苛性钾的蒸馏水141g。

基础油： 天然椰子油300g、茶花油100g、鳄梨油100g、蓖麻子油100g。

花露水： 与膏等量的薄荷水。

添加物： 每100ml洗发露取1ml墨西哥辣椒萃取物和1g薄荷入浴剂。

精　油： 每100ml洗发露取10滴薰衣草油、3滴罗马洋甘菊油和7滴苦橙叶油。

制作方法：

1. 在煮沸的蒸馏水中加入白糖，待下次使用之前密封保管好。将苛性钾溶于蒸馏水制成苛性钾溶液。

2. 将基础油加热至75℃~80℃，加入苛性钾溶液。此时应尽量使混合物呈现Trace状态。

3. 将1中的白糖溶液加热至70℃~80℃，将肥皂液倒入其中。

4. 一天之后用中火加热肥皂液，并加入蒸馏水（花露水）进行稀释。加入蒸馏水（花露水）时要先倒入半杯左右，随后再慢慢调节浓度。

5. 用pH试纸测定酸碱度使其小于9，如果pH值大于10，则需要加入中和剂进行中和。

6. 加入精油、保存剂、色素等希望加入的添加物。

7. 将完成的洗发露转存到漂亮的容器中。

打造水润亮发的低刺激

迷迭香护发素

使用天然的洗发露和护发素，可以为头发带来更加丰富的香气和光泽。该配方可以为头发有效赋予水分以保养粗糙的发质。坚持使用，可打造健康发质。

 材料：

基本材料： 迷迭香水200g、柠檬酸50g。
添加物： 甘油10g、角蛋白5g、海娜萃取物2g、墨西哥辣椒萃取物3g。
精油&增溶剂： 迷迭香油10滴、橄榄液10滴。

 制作方法：

1. 量取适量迷迭香水，放入500ml玻璃杯中。

2. 加入柠檬酸，搅拌均匀。

3. 在另一个玻璃杯中加入精油和增溶剂。

4. 将2倒入3，搅拌均匀。

5. 加入甘油和余下添加物，搅拌均匀。

6. 转存到消毒好的容器中，贴上标签。

用来转变心情的芳香

山茶护发素

这是一个利用多种功能性添加物使发质变得光滑且富有弹性的配方。平时可用作常规护发素，也可每个星期做两次专门的发质护理。山茶油可使头发变得水分十足。

 材料：

基本材料： 芦荟啫喱85g。

基础油： 山茶油2g。

添加物： 丝氨基酸5g、角蛋白5g、墨西哥辣椒萃取物2g、海娜萃取物1g。

精　油： 薄荷油5滴、迷迭香油10滴、柠檬油5滴。

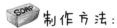 **制作方法：**

1. 用酒精将要使用的工具和容器进行消毒。

2. 量取适量芦荟啫喱，放入250ml玻璃杯中。

3. 加入添加物、基础油和精油，用手提搅拌器混合均匀。

4. 转存到消毒好的容器中，贴上标签。

为受损发质准备的
山茶毛发修复油

产后如果发质受到了损伤，就可以用该配方在短时间内恢复发质。做完头发护理之后，用毛巾擦拭水分，待残留有少许水分时，轻轻将修复油涂抹在毛发边缘，就能重新唤醒湿润和柔顺的发质。

 材料：

基础油： 鳄梨油30ml、金黄荷荷巴油40ml、山茶油30ml。
添加物： 维生素E1g。
精　油： 天竺葵油10滴、广藿香油5滴、依兰油5滴。

 制作方法：

1. 用酒精将要使用的工具和容器进行消毒。
2. 量取适量基础油，放入250ml玻璃杯中。
3. 加入添加物和精油，用手提搅拌器混合均匀。
4. 转存到消毒好的容器中，贴上标签。

打造清爽洁净头皮的
荷荷巴护发油

产后经常会出现脱发现象，所以保持头皮的健康是相当重要的。如果头皮瘙痒，或出现头皮屑，就要立刻进行头皮保养。下面介绍的配方就是一种非常有效的保养头皮专用油。

 材料：

基础油： 葡萄籽油30ml、荷荷巴油40ml、金盏花浸泡油30ml。
添加物： 维生素E1g。
精　油： 迷迭香油10滴、快乐鼠尾草油5滴、柏木油5滴。

 制作方法：

1. 用酒精将要使用的工具和容器进行消毒。

2. 量取适量基础油，放入250ml玻璃杯中。

3. 加入添加物和精油，用手提搅拌器混合均匀。

4. 转存到消毒好的容器中，贴上标签。

 Tip! 手指末端涂抹一些护发油，用力挤压头皮，在头皮上画圈，认真按摩每一块头皮，总共重复3次。按摩总时长控制在5～10分钟之间最佳。按摩结束之后，冲洗头发，最好再做一遍护理。

Chapter 6

预防母乳喂养后遗症的胸部护理

疏散乳房淤血的
柏树按摩啫喱

母乳喂养时最大的问题便是乳房充盈。此时应当用热毛巾热敷，再施加按摩。使用芦荟啫喱可以轻松地完成按摩，还可以达到化解淤血的效果。

 材料：

基本材料： 芦荟啫喱80g、乳木果油10g。
添加物： 神经酰胺10g。
精　油： 柏树油5滴、葡萄柚油10滴、柠檬油5滴。

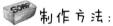 **制作方法：**

1. 用酒精将要使用的工具和容器进行消毒。

2. 量取适量芦荟啫喱和乳木果油，放入250ml玻璃杯中，并用加热器具进行加热。

3. 待乳木果油融化之后，用手提搅拌器进行搅拌。

4. 加入添加物和精油，搅拌均匀。

5. 转存到消毒好的容器中，贴上标签。

 Tip!　按摩完成2个小时后才可以哺乳，所以应当根据婴儿的哺乳时间安排使用的时间。

找回胸部弹力的
葛根弹力膏

怀孕期间变大的胸部会在产后缩小，而此时很难防止胸部下垂的现象。再加上母乳喂养会导致胸部变形，所以要用具有细胞再生功能的按摩膏对其进行持续按摩。

 材料：

油　层： 葛根油20g、摩洛哥坚果油10g、橄榄乳化蜡7g。
水　层： 玫瑰水50g。
添加物： EGF1g、胶原蛋白10g、弹性蛋白5g。
精　油： 天竺葵油5滴、玫瑰油5滴、茉莉花油2滴。

制作方法：

1. 量取适量油层材料，放入250ml玻璃杯中。

2. 量取适量水层材料，放入100ml玻璃杯中。

3. 用加热器具分别对1和2进行加热。

4. 当两种材料温度达到70℃时，将水层缓缓倒入油层。

5. 同时利用刮铲和手提搅拌器搅拌均匀。

6. 待混合物变得黏稠之后，放入添加物和精油，搅拌均匀。

7. 转存到消毒好的容器中，贴上标签。

缓解乳头色素沉积的
绿茶籽美白膏

女性在怀孕和分娩后，胸部会发生巨大的变化。乳头和乳晕会逐渐变大，颜色会加深，和之前的样貌截然不同。只有持续保养才能缓解这些变化。下面介绍一种具有美白效果的乳头专用保养配方。

 材料：

油　层： 绿茶籽油15g、甜杏仁油10g、橄榄乳化蜡6g。
水　层： 迷迭香水67g。
添加物： 熊果苷1g、植物美白剂1g。
精　油： 柠檬油10滴、柑橘油10滴、葡萄柚油10滴。

制作方法：

1. 量取适量油层材料，放入250ml玻璃杯中。

2. 量取适量水层材料，放入100ml玻璃杯中。

3. 用加热器具分别对1和2进行加热。

4. 当两种材料温度达到70℃时，将水层缓缓倒入油层。

5. 同时利用刮铲和手提搅拌器搅拌均匀。

6. 待混合物变得黏稠之后，放入添加物和精油，搅拌均匀。

7. 转存到消毒好的容器中，贴上标签。

时刻保持手部清洁的

椰子抗菌香皂

照看婴儿时，产妇需要经常洗手，这自然会导致手部日益粗糙，而此时最好使用既能有效灭菌又能保护产妇和婴儿皮肤的专用香皂。

材料：

白糖溶液： 白糖54g、用于溶解白糖的蒸馏水324g。

苛性钾溶液： 苛性钾（纯度97%）141g、用于溶解苛性钾的蒸馏水141g。

基础油： 天然椰子油300g、乳木果油100g、蓖麻子油150g、橄榄油50g。

添加物： 每100ml抗菌香皂取5滴DF萃取物。

精　油： 每100ml抗菌香皂取10滴桉树油和10滴茶树油。

制作方法：

1. 在煮沸的蒸馏水中加入白糖，待下次使用之前密封保管好。将苛性钾溶于蒸馏水制成苛性钾溶液。

2. 将基础油加热至75℃~80℃，加入苛性钾溶液。此时应尽量使混合物呈现Trace状态。

3. 将1中的白糖溶液加热至70℃~80℃，将肥皂液倒入其中。

4. 一天之后用中火加热肥皂液，并加入蒸馏水进行稀释。加入蒸馏水时要先倒入半杯左右，随后再慢慢调节浓度。

5. 用pH试纸测定酸碱度使其小于9，如果pH值大于10，则需要加入中和剂进行中和。

6. 加入精油、保存剂、色素等希望加入的添加物。

7. 将完成的香皂转存到漂亮的容器中。

产后皮肤保养的6个阶段

产后的皮肤保养分为角质管理、保湿、消除浮肿、弹力保养、美白保养和营养管理等6个阶段。所有保养环节都可以同时进行，但如果按照该顺序进行保养的话，就可以更快地得到效果。

1 阶段 角质管理：磨砂、去除角质层

角质会使产妇干燥的皮肤变得更加粗糙。只有及时去除角质，才可以使日后的保养达到理想效果。先用热毛巾唤醒面部角质，再通过轻微的磨砂去除角质。

2 阶段 保湿：面膜、精华、润肤膏

保持水分的最好方法就是多喝水。此时再进行锁住皮肤水分的适当保养，就可以打造湿润的肌肤。坚持使用水分保养产品，每周做2～3次保湿面膜。

3 阶段 消除浮肿：面膜、润肤水、按摩油

经历了痛苦分娩过程的产妇通常浑身上下都会有浮肿现象，而只有尽快消除浮肿，保养扩张到一定程度的毛孔，才可以找回以前的光滑肌肤。通过淋巴按摩可以消除浮肿，使用具有滋补功效的润肤水和面膜可以收缩毛孔。

4 阶段 弹力保养：按摩油、精华、润肤膏

在浮肿消失之后，想要保持皮肤的弹性，就需要用高性能产品进行持续保养。此时若再加上按摩，就可以更快地产生效果。要坚持使用弹力精华、润肤膏和按摩油。

5 阶段 美白保养：精华、润肤露

怀孕导致的色素沉积有时可以自然消失，但也有不少情况是永久残留的。如果色素沉积比较严重的话，就需要同时进行保湿与美白保养，不严重的话可以在弹力保养之后再进行美白保养。

6 阶段 营养管理：精华、润肤露、润肤膏

接下来就需要为皮肤提供养分了。养分补给与弹力、美白保养并行也无妨。怀孕期间皮肤会流失大量养分，而营养管理可为肌肤提供底料，晚间使用时效果最佳。

提升保养效果的时间控制法

· 清晨皮肤保养：集中进行角质管理、保湿、消除浮肿。

清晨步骤
洗面→洁面（洗擦）→润肤水→精华→润肤露→防紫外线产品

· 晚间皮肤保养：集中进行弹力保养、美白保养和营养管理。

晚间步骤
洗面→深度洁面→面膜→润肤水→精华→润肤露→润肤膏

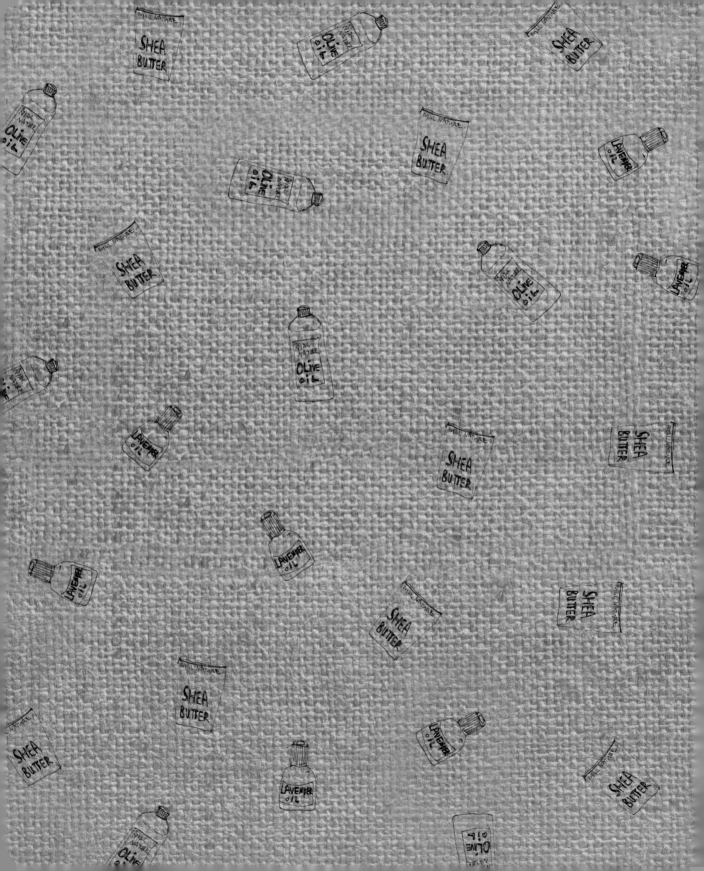

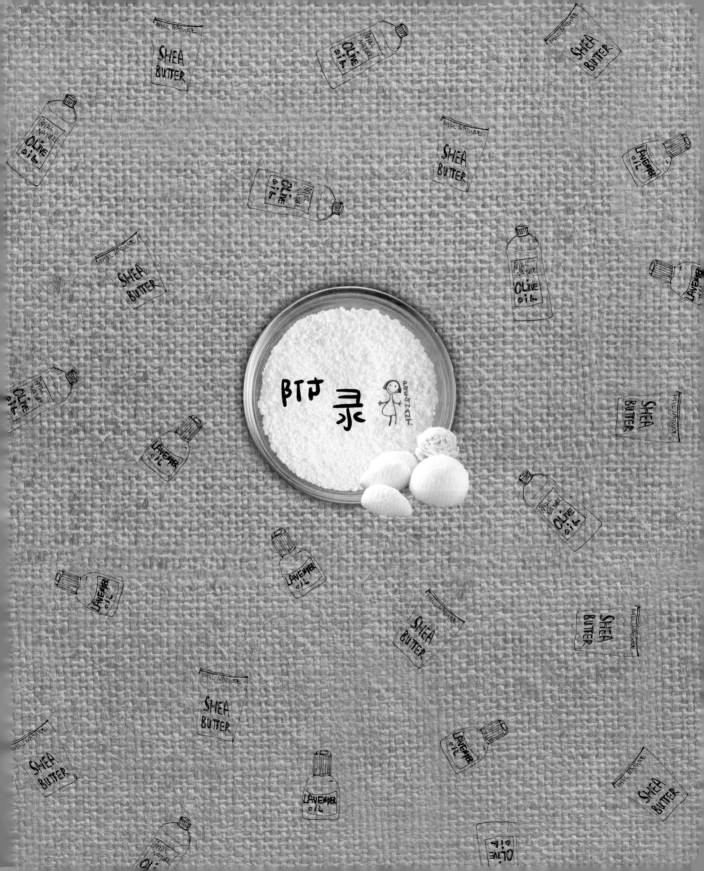

简单利用冰箱里的材料进行天然护理

打开冰箱门，能看到很多可以"留给肌肤"的食品。如果能准确地了解每种食品的功效和适用条件，就能够自己动手以低廉的成本造出适合自己皮肤的天然护肤品。不过，以食品作为材料制作的护肤品的保质期比专业的护肤品要短，所以一次性不要做太多，最好可以即制即用。

 ## 根据功效选择天然材料

功效	天然材料
保湿效果	山羊奶、香蕉、蜂蜜、燕麦片、有机黑糖
美白效果	猕猴桃、西红柿、柠檬、橙子、茄子、菠菜、红辣椒
弹力强化	黑豆、西兰花
营养供给	鳄梨、鸡蛋、杏仁、松子、南瓜
均衡效果	土豆、黄瓜、大麦、芦荟
痤疮缓解	绿茶、盐、葡萄、圆白菜、梨、胡萝卜

★注意：使用天然材料制作护肤品时要先确认是否有皮肤过敏反应。可以事先涂抹在较敏感的胳膊内侧或耳朵背部等部位进行测试。

保湿效果

山羊奶沐浴奶

山羊奶1杯、蜂蜜1勺◆向牛奶或山羊奶中加入提升保湿效果的蜂蜜作为入浴剂，可以使产妇的皮肤一直保持在湿润的状态。

香蕉 & 燕麦片磨砂膏

1个研磨好的香蕉（加入牛奶）、5勺研磨好的燕麦片◆磨砂膏可以去除没用的角质，促进血液循环，每周使用1～2次最佳。该配方可保留香蕉原有的香气，同时使燕麦片的营养成分深入到肌肤深层。

蜂蜜牛奶面膜

蜂蜜3勺、山羊奶（牛奶）少许◆将蜂蜜和山羊奶按照适合做面膜的比例混合好。敷用20分钟之后用温水洗净即可。可有效改善干燥粗糙的皮肤状态。

山羊奶肥皂

再生皂坯100g、山羊奶20ml◆研磨好再生皂坯，加入山羊奶，搅拌均匀。加热融化至固液混合态时便可以按照自己的意愿定型。

有机黑糖肥皂

MP皂坯200g、有机黑糖5g◆将MP皂坯切成适当大小，融化后加入有机黑糖搅拌均匀。倒入肥皂模具定型之后便可使用。

美白效果

猕猴桃面膜

猕猴桃1/2个、面粉1勺◆富含维生素C和各种矿物质的猕猴桃可以提高皮肤水分含量，阻止色素的沉淀，从而打造亮丽洁白的肌肤。

柠檬&橙子面膜

柠檬汁1/2勺、橙汁1/2勺、面粉1勺◆橙子和柠檬含有大量有机酸和果糖，可使皮肤保持湿润，具有缓解杂斑的效果。此外，还可以去除角质，使肤色变得更加透明。

茄子面膜

茄汁2勺、蜂蜜1勺◆这是一种轻轻涂抹于皮肤表面上的液态面膜，在面膜被吸收之后就可用温水洗净。茄子具有消除皮肤杂斑和治疗红色痤疮的作用。

灯笼椒洁面泡

灯笼椒汁5勺、荷荷巴油5勺、柠檬酸100g、碳酸氢钠200g、玉米粉10g、薰衣草水喷雾20ml、罗马洋甘菊精油10滴、薰衣草精油10滴◆用灯笼椒椒洁面泡洗面可以去除皮肤上的杂斑。

①均匀混合灯笼椒汁和玉米粉。
②加入柠檬酸、碳酸氢钠、荷荷巴油和精油，搅拌均匀。
③喷洒薰衣草水，搅拌至固液混合态。
④取1次使用量，置于阴凉处凝固。

弹力强化

西兰花面膜

西兰花1/3个、面粉1勺（或营养膏1勺）◆富含维生素A和C的西兰花可使皮肤变得洁净和弹性十足。混合面粉或营养膏做成面膜，20分钟之后用温水洗净，就可以消除污渍，恢复皮肤的活力。

黑豆面膜

研磨好的黑豆3勺、面粉1勺（或营养膏1勺）◆黑豆含有皂素、异黄酮和生育酚等物质，有抗氧化作用，混合面粉或营养膏做成面膜，可以强化皮肤的弹性。

黑豆洗面水

适量的黑豆◆煮熟黑豆，将黑豆冷却至室温，用于洗面时可以紧致皮肤。

西兰花香皂

MP皂坯300g、1/4个研磨好的西兰花、维生素E1g、橙花精油9滴◆将MP皂坯切成适当大小，融化后加入研磨好的西兰花、精油和维生素，搅拌均匀。最后倒入肥皂模具，凝固后便可使用。

营养供给

鳄梨牛奶磨砂膏

鳄梨1/3个、牛奶1/3杯◆将鳄梨和牛奶混合在一起研磨好，按摩结束后用温水洗净，如此一来，鳄梨的营养成分便会渗透到皮肤深层，维持柔滑的皮肤。

蜂蜜坚果面膜

蜂蜜1勺、研磨好的杏仁或榛子3勺、牛奶少许（用于调节浓度）◆将材料混合好，均匀涂抹在皮肤上静候20分钟。每个星期做一次面膜的话，坚果中的多种营养成分便可以被皮肤吸收。

鳄梨啫喱

芦荟啫喱5勺、研磨好的鳄梨1/3勺、甜杏仁油1勺◆将鳄梨和甜杏仁油混合好，用研磨机进行研磨。随后加入芦荟啫喱，搅拌均匀。可用作皮肤按摩啫喱，也可作为毛发营养贴膜。

均衡效果

黄瓜面膜

黄瓜1/2个◆将黄瓜研磨好，涂抹于敏感的皮肤上敷成面膜。磨成黄瓜汁涂抹在脸上也会达到相似的效果。

大麦面膜

浸泡一段时间后研磨好的大麦2勺◆将大麦洗净充分浸泡于水中，再磨成面膜。薄薄地涂抹数层就可以得到均衡皮肤的效果。

土豆泥面膜

研磨好的土豆3勺、荷荷巴油1勺、白泥3勺◆将土豆泥和荷荷巴油混合均匀，随后加入白泥充分搅拌。该配方不仅可以均衡皮肤，还具有美白效果。

缓解痤疮

绿茶面膜

煮熟的绿茶叶2勺◆绿茶具有消除皮肤毒素和皮脂的效果，可有效缓解由痤疮引起的涨红和炎症。喝完绿茶，将茶叶存放于冰箱，需要时贴在痤疮部位当作面膜。

圆白菜面膜

研磨好的圆白菜3勺、面粉1勺◆圆白菜含有硫磺、维生素C、钙、碘、蛋白质等成分，可迅速恢复痤疮伤口，同时具有调节皮脂的作用。

盐香皂

死海盐1/2勺、MP皂坯300g、茶树精油10滴◆将MP皂坯切成适当大小，融化后加入盐和精油，搅拌均匀，随后倒入肥皂模具。待完全凝固后便可使用。

胡萝卜香皂

研磨好的胡萝卜1勺、MP皂坯300g、茶树精油15滴◆将MP皂坯切成适当大小，融化后加入研磨好的胡萝卜和精油，搅拌均匀，随后倒入肥皂模具。待完全凝固后便可使用。

为健康和安全的分娩准备的产前按摩

MASSAGE 1·可以独自完成的自我按摩

按摩不仅有助于保持皮肤健康，还可以消除精神压力，使心情好转。妈妈通过手和皮肤感受到的温暖和舒适可以传递给肚子里的孩子，从而达到母婴共同感受幸福的效果。

1. 自我按摩不需要特别的技巧，产妇只要轻轻触碰浑身上下各个部位就可以了。

2. 沐浴之后过5～10分钟再做，次数越多越好。

3. 从远离心脏的部位开始逐渐靠近心脏。

How to调配 按摩油

甜杏仁油1勺+罗马洋甘菊油或薰衣草油1滴

腹部按摩要等到怀孕5个月之后★怀孕初期，即5个月之前最好不要做腹部按摩。此时胎盘并没有成型，因此要尽量避免对胎儿产生不必要的刺激。

MASSAGE 2 · 孕妇和胎儿都喜欢的胎教手部按摩

这是一种适合丈夫为妻子做的按摩方式。只有接受按摩的人身心放松才有效果，所以要在安静的氛围中进行。夫妻之间相互按摩可以改善夫妻关系，同时缓解怀孕导致的抑郁症，还有助于胎教。

1. 取适量按摩油，在腕部到肘部之间来回揉擦3次，涂抹均匀。抓住手背两侧，利用双手的拇指在手背上画圆进行按摩。（3次）

2. 利用双手拇指从手掌中部开始揉压。（3次）

3. 温柔地按压整个手掌。（3次）

4. 揉压手指和手指之间的部位。（3次）轻轻拔每一个手指，总共重复3次。从肘部揉擦到手指尖，收尾。

How to 调配按摩油

荷荷巴油5勺+金盏花浸泡油5勺+薰衣草油3滴

MASSAGE 3 · 瞬间消除全身疲劳的脚部按摩

脚上有连接全身各个部位的穴位，单纯对脚部进行按摩就可以达到全身按摩的效果。脚部按摩有助于消除疲劳和浮肿，所以最好经常做脚部按摩为宜。

1. 取适量按摩油均匀涂抹在整个脚部。双手抓住脚背两侧，用拇指从里到外进行揉压。（4次）

2. 四个手指贴住脚底，向脚趾方向抽出。（4次）脚踝部位向右转动8次，向左转动8次。

3. 握拳自下而上对脚掌进行按摩。用手掌轻轻擦拭脚底板。（4次）

4. 用双手拇指自脚后跟到脚趾间进行揉压。此时需要对整个脚底板进行揉压，因此可以将脚底板分为三个部分，依次揉压。（3次）

5. 轻轻转动脚趾，随后向外拔出。（4次）揉擦整个脚部，最终从脚趾尖部抽出。

How to 调配按摩油

荷荷巴油5勺+甜杏仁油5勺+橙花油3滴

MASSAGE 4 · 舒缓僵硬颈部和肩部的按摩

长期受精神压力，或疲劳积累到一定程度的话，肩部和颈部就会变得僵硬，还会出现头痛等现象。尤其僵硬的肩部如果未能及时得到舒缓，就会变得越来越僵硬，恢复起来也会更加吃力，所以要持续进行按摩。

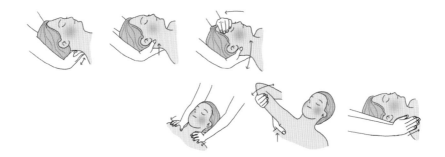

1. 舒适地躺好，将双手插入脖子下方，揉压颈部肌肉。

2. 利用一只手的拇指和中指用力按压头部下方的凹陷部位。

3. 一只手抓住颈部，另一只手按住前额，将整个头部上下左右摆动。

4. 双手有节奏地按摩肩部。

5. 一只手按压肩胛骨下方，另一只手放入肩部下方向后拉。

6. 双手合十，对准肩部关节处，边揉边压。

How to 调配按摩油

荷荷巴油5勺+橄榄油5勺+黑胡椒油2滴+薰衣草油4滴

MASSAGE 5 · 预防怀孕型膨胀纹的腹部按摩

膨胀纹一旦出现就很难消除。一开始会呈现红色，产后会变得越来越淡，逐渐变成白色，触摸起来会感觉凹凸不平。最好的解决方法就是通过持续按摩预防膨胀纹的出现。

1. 取适当按摩油，以肚脐为中心画圆进行按摩。

2. 手指蜷缩，从肚脐周围到胸部下方，依次轻轻敲击。

3. 顺时针方向扫整个腹部。

4. 从肚脐开始逐步向外画圆进行按摩。

How to 调配按摩油

荷荷巴油5勺+琼崖海棠油5勺+柑橘油10滴

膨胀纹加日晒是绝对禁止的! ★膨胀纹一旦暴露在紫外线下，就会出现周边晒黑，而本身纹丝不动的现象，因此要注意避免.

MASSAGE 6. 全套产前放松按摩

产前按摩可以为那些容易疲劳的孕妇提供水分和营养，有助于体内毒素的排出，具有抗衰老、重塑和清洁等效果，同时为母婴带来愉快和满足。

按摩顺序

头部—肩部—臂部—手部—胸部—颈部—背部—腰部—胯部—腿部—脚部

Step 1 ● 缓解头痛、润滑毛发的头部按摩

1. 双手同时按压前额和后脑勺。（3次）
2. 用手掌按压两侧太阳穴，用指尖用力按压整个头皮。
3. 用手掌轻轻盖住耳朵，收尾。

Step 2 ●缓解肌肉紧张的肩部&臂部按摩

1.从肩部到腕部，用手掌轻轻揉擦。（3次）

2.按照上述顺序，用手掌轻轻揉擦。（3次）

3.揉压肩部。（3次）

4.从臂部到肩部再到头部下方，用手掌轻轻揉擦。（1次）

Step 3 ●促进血液循环和新陈代谢的手部按摩

1. 像翻书一样用拇指揉擦手心和手背。（9次）

2. 用拇指缓缓揉压手心、手背和关节处。

3. 像翻书一样按照从手腕到手指方向用拇指揉擦手心。

4. 轻轻拔一拔每一根手指。

Step 4 ● Step 4.预防乳房癌和呼吸道疾病的胸部按摩

1. 从胸部内侧到腋下，从腋下到胸部上方，用四根手指画圆揉擦。（3次）

2. 从胸部上方中央揉擦至腋下（3次），从锁骨到胸部中部，再向胸部外侧画圆揉擦。（6次）

Step 5 ● 有助于恢复疲劳的颈部按摩

1. 用单手两侧手指将颈部背部向上合拢。（3次）

2. 双手手腕贴近颈部，紧贴四根手指在背部画圆。（3次）

$Step\ 6$ ● 活化内脏功能，预防腰痛的背部＆腰部按摩

1. 使孕妇侧卧，上下揉擦背部。（3次）

2. 从肩胛骨揉擦到腋下，再轻轻按压腋下淋巴结部位。（3次）

3. 用拇指在肩下骨下方凹陷部位画圆。（3次）

4. 在脊椎勃起肌周围画圆，自上而下进行按摩。（3次）

5. 以脊椎勃起肌为中心，利用整个手掌长长向下扫去。（3次）

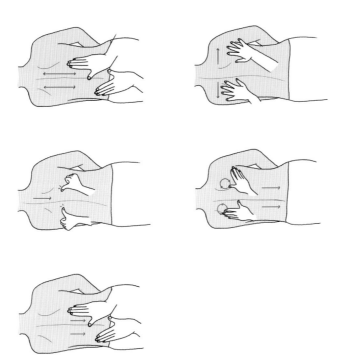

$Step\ 7$ ● 缓解分娩疼痛的胯部按摩

1. 从腰部到胯部，用双手向外画圆，逐步向下移动。（3次）

2. 用四根手指在臀部从中部扫向外侧。（3次）

3. 在两侧臀部上画大圆。（1次）

4. 用手指按压尾椎骨部位，再用整个手掌按压。（3次）

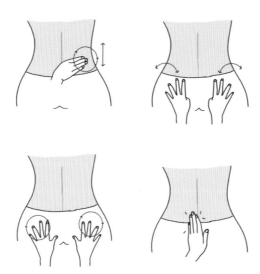

Step 8 ● 消除腹部沉重感和浮肿的腿部＆脚步按摩

1. 十指相扣，从脚趾部位扫向脚踝。（3次）

2. 用双手分别上下扫两个脚底板。

3. 一只手握紧脚掌，另一只手握紧脚背，从脚趾处扫向脚后跟。

4. 十指相扣，用手掌依次按压脚趾到大腿部位，最后轻轻扫至大腿下部。（3次）

5. 用双手从脚后跟按压至脚趾部位。（3次）

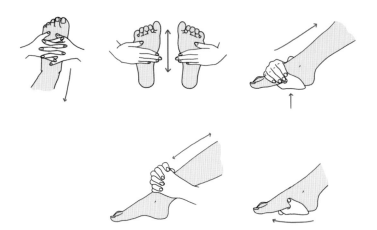

多种肥皂的制作配方 5

除前文中提到的4种典型的方法之外，肥皂制作还有多种方式。我们可以通过各种肥皂制作工艺造出许多风格迥异的天然肥皂。

一、Hot Process(HP)_ 高温法（透明皂）

1. 量取适量苛性钠和蒸馏水，将苛性钠放入蒸馏水，制成苛性钠溶液。

2. 量取适量基础油，同时量取相应的溶剂酒精和甘油封口。另外还需制成配好白糖溶液封口。

3. 当苛性钠溶液和基础油的温度达到45℃时，将苛性钠溶液倒入基础油，并制成Trace状态。

4. 待混合液呈Trace状态时，加入甘油，用手提搅拌器搅拌均匀。

5. 将4置于加热工具上加热至54℃~60℃。

6. 将酒精倒入肥皂液，用手提搅拌器搅拌均匀，封口加热至68℃~70℃。

7. 将白糖溶液加热至68℃~70℃之后倒入肥皂液，混合均匀。

8. 将7加热至82℃时取下加热器具。此时摘除封口，并注意避免使酒精挥发。

9. 待温度跌落至50℃时加入添加物，并将混合液倒入肥皂模具。

10. 1~2天之后从肥皂模具中取出肥皂，用刀切成期望的大小，并置于阴凉通风处干燥、熟化2~3周。

11. 测定pH值，如果pH值为8~9，则可以使用。

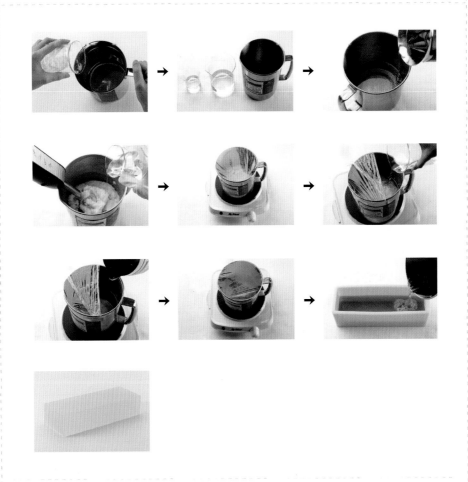

二、Hot Process(HP)_ 高温法（洁面泡沫）

1. 量取适量苛性钾、苛性钠和蒸馏水，放入不锈钢杯中，制成苛性钾&苛性钠溶液。

2. 量取适量基础油，置于加热器具上加热至75℃。

3. 将准备好的苛性钾&苛性钠溶液倒入2。

4. 利用手提搅拌器将混合液搅拌成软膏状态，并加入添加物。

5. 将4封口，水浴加热2小时30分钟，中途需要定期搅拌。

6. 水浴加热期间准备硬脂酸。向硬脂酸中加入蒸馏水，进行加热。

7. 待5成半透明皂时取下，加入硬脂酸，用手提搅拌器均匀搅拌5分钟。

8. 2～3个星期之后，向完成的洁面泡沫加入蒸馏水进行稀释。

9. 测定pH值，如果pH值为8～9，则可以使用。

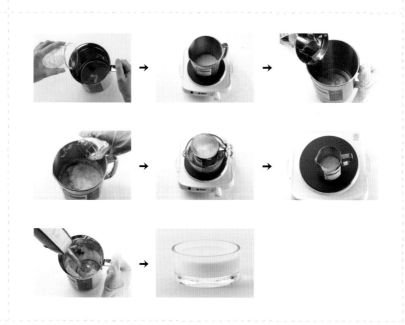

三、膏状皂

1. 均匀研磨好待再生的肥皂，放入250ml玻璃杯中，加入蒸馏水，置于温火上水浴加热15～25分钟，使其完全融化。

2. 量取适量乳化剂，放入玻璃杯中，并使其融化。

3. 将2倒入1，搅拌均匀。

4. 待温度冷却至40℃时，加入添加物，搅拌均匀。

5. 用酒精喷雾剂对容器进行消毒之后再放入制作好的膏状皂即可。

四、表面活性剂制品

1. 在500ml玻璃杯中加入蒸馏水，加热至50℃。

2. 向1加入增黏剂聚季铵盐。

3. 用药勺搅拌5～10分钟。随着蒸馏水温度下降，聚季铵盐的增黏效果逐渐显现。

4. 将余下的表面活性剂（椰子甜菜碱、苹果表面活性剂、橄榄APG等）和添加物加入3。

5. 制作完成后转存到250ml透明容器中。

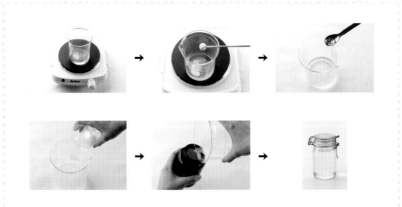

五、肥皂粉制品

1. 戴上口罩，将肥皂粉放入2L不锈钢杯中，置于电子称上称重。
2. 加入蒸馏水，用刮铲搅拌。
3. 混合到一定程度之后，加入添加物和精油，搅拌至面团状。
4. 倒入肥皂模具定型，完全凝固之后便可使用。